"创新设计思维"
数字媒体与艺术设计类新形态丛书

Photoshop CC

图形图像处理 实战教程

微课版

U0265147

刘艳梅 魏萌 主编
杨艳 张红秀 副主编

人民邮电出版社
北京

图书在版编目（C I P）数据

Photoshop CC图形图像处理实战教程：微课版 / 刘
艳梅，魏萌主编. -- 北京：人民邮电出版社，2022.10（2024.6重印）
（"创新设计思维"数字媒体与艺术设计类新形态丛
书）
ISBN 978-7-115-59265-1

Ⅰ．①P… Ⅱ．①刘… ②魏… Ⅲ．①图像处理软件—
教材 Ⅳ．①TP391.413

中国版本图书馆CIP数据核字(2022)第077869号

内 容 提 要

本书以实际应用为导向，遵循由浅入深、从理论到实践的原则，详细介绍了使用 Photoshop CC 进行图形图像处理的方法和技巧。全书共 14 章，依次介绍了 Photoshop CC 入门必备、图像的绘制、选区与路径的绘制与设置、图层的应用与样式设置、文字的添加、图像的修饰与处理、图像颜色的调整、图像的合成、滤镜效果的应用、动作的创建与自动化、宣传海报设计、图像创意合成、产品包装设计及网站页面设计，帮助读者更全面地掌握 Photoshop CC 软件的应用并达到学以致用的目的。

本书适合作为普通高等院校艺术设计相关专业的教材，也适合作为各类 Photoshop 软件培训班的教材。

◆ 主　　编　刘艳梅　魏　萌
　　副主编　杨　艳　张红秀
　　责任编辑　许金霞
　　责任印制　王　郁　陈　犇
◆ 人民邮电出版社出版发行　　北京市丰台区成寿寺路 11 号
　　邮编　100164　　电子邮件　315@ptpress.com.cn
　　网址　https://www.ptpress.com.cn
　　三河市君旺印务有限公司印刷
◆ 开本：787×1092　1/16
　　印张：14　　　　　　　　　　2022 年 10 月第 1 版
　　字数：381 千字　　　　　　　2024 年 6 月河北第 5 次印刷

定价：59.80 元

读者服务热线：(010)81055256　印装质量热线：(010)81055316
反盗版热线：(010)81055315
广告经营许可证：京东市监广登字 20170147 号

前言 FOREWORD

编写目的

本书以实际应用为导向，围绕 Photoshop CC 软件展开介绍，遵循由浅入深、从理论到实践的原则对内容进行讲解。全书共 14 章，介绍了 Photoshop CC 入门必备知识以及软件功能解析等理论知识，通过宣传海报设计、图像创意合成、产品包装设计以及网站页面设计进行实操案例讲解。为了能够帮助读者提高 Photoshop CC 操作技能，编者团队们深入学习了党的二十大报告的精髓要义，立足"实施科教兴国战略，强化现代化建设人才支撑"共同创作了本书，使读者了解 Photoshop CC 的基础理论，熟悉 Photoshop CC 的使用技巧，以便轻松实现各种设计、应对各种实战。

内容特点

本书按照"软件功能解析—实操案例—实战演练"的思路编排内容，且在本书最后 4 章以经典案例的形式对 Photoshop CC 综合技能进行了讲解，以帮助读者综合应用所学知识。书中还穿插了"应用秘技"板块，以帮助读者拓展思维，使其知其然并知其所以然。

软件功能解析：读者对软件的基本操作有了一定的了解后，再通过对软件具体功能的详细解析，可系统地掌握软件各功能的应用方法。

实操案例：精心挑选课堂案例，通过对课堂案例的详细解析，使读者快速掌握软件的基本操作，熟悉案例设计的基本思路。

实战演练：综合本章软件知识点，综合性设置案例，以帮助读者更好地吸收知识，并达到学以致用的目的。

学时安排

本书的参考学时为 64 学时，讲授环节为 32 学时，实训环节为 32 学时。各章的参考学时参见以下学时分配表。

章	课 程 内 容	学 时 分 配/学 时	
		讲 授	实 训
第 1 章	Photoshop CC 入门必备	2	2
第 2 章	绘制图像很简单	3	3
第 3 章	选区与路径的绘制与设置	2	2
第 4 章	图层的应用与样式设置	2	2
第 5 章	添加文字不可缺	2	2
第 6 章	修饰图像，提升美感	3	3
第 7 章	图像颜色的调整	3	3
第 8 章	图像合成的必要元素	2	2
第 9 章	强大的图像滤镜效果	2	2
第 10 章	事半功倍的动作与自动化	2	2
第 11 章	宣传海报设计	2	2
第 12 章	图像创意合成	2	2
第 13 章	产品包装设计	3	3
第 14 章	网站页面设计	2	2
	学 时 总 计/学 时	32	32

FOREWORD

资源下载

为方便读者线下学习及教学，书中配套的所有案例的微课视频、基础素材和效果文件，以及教学大纲、PPT 课件、教学教案等资料，读者可登录人邮教育社区（www.ryjiaoyu.com），在本书页面中免费下载使用。

基础素材　　　效果文件　　　微课视频　　　PPT 课件　　　教学大纲　　　教学教案

致　　谢

本书由刘艳梅、魏萌担任主编，由杨艳、张红秀担任副主编，相关专业制作公司的设计师为本书提供了很多精彩的商业案例，在此表示感谢。

编　者

2022 年 5 月

目录 / CONTENTS

CONTENTS

CONTENTS

CONTENTS

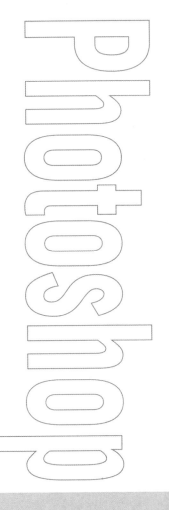

Chapter

1

第 1 章
Photoshop CC 入门必备

本章主要对 Photoshop CC 的入门知识进行讲解，包括图像文件的基本操作、图像与画布的调整，以及与设置和填充颜色相关的面板。除了这些基础入门知识，本章还将介绍一些平面设计基础知识、软件应用领域、软件工作界面及图像辅助工具等。

课堂学习目标

- 了解 Photoshop 的工作界面
- 熟悉 Photoshop 的辅助工具
- 掌握文件的基本操作
- 掌握图像的设置与填充

1.1 初识 Photoshop

Photoshop 是一款操作方便、适用于多个领域的图像编辑软件。在正式学习 Photoshop 的操作之前，先了解一下平面设计的一些基础知识、Photoshop 的应用领域与工作界面，以及图像辅助工具等。

1.1.1 平面设计基础知识

本小节主要讲解平面设计的一些基础知识，包括像素与分辨率、位图与矢量图、图像的颜色模式及常见文件格式。

1. 像素与分辨率

像素（Pixel，缩写为 px）是构成图像的最小单位，是图像的基本元素。若把图像放大数倍，会发现其是由许多色彩相近的小方格组成的，如图 1-1、图 1-2 所示。这些小方格就是构成图像的最小单位——像素。图像的像素越多，其色彩信息越丰富，效果越好。

图 1-1   图 1-2

分辨率在数字图像的显示及打印等方面起着至关重要的作用，它常以"宽×高"的形式来表示。一般情况下，分辨率可以分为图像分辨率、屏幕分辨率及打印分辨率。

- 图像分辨率。图像分辨率是指图像每单位长度中的像素数目，常用单位"像素/英寸"与"像素/厘米"表示。高分辨率图像比相同打印尺寸的低分辨率图像包含的像素更多，因而图像更加清楚、细腻。
- 屏幕分辨率。屏幕分辨率又称为显示器分辨率，即显示器上每单位长度显示的像素或点的数量，单位为像素。常见的屏幕分辨率有 1920 像素×1080 像素、1600 像素×1200 像素、640 像素×480 像素等。
- 打印分辨率。打印分辨率又称为输出分辨率，是指在打印输出时横向和纵向两个方向上每英寸最多能够打印的点数，通常以"点/英寸"表示。大部分打印机的分辨率为 300dpi～600dpi。

2. 位图与矢量图

位图也叫点阵图或栅格图，它由像素组成。与矢量图相比，位图可以精确地记录图像色彩的细微层次，弥补了矢量图的缺陷。但对位图进行缩放或旋转操作时，图形容易失真，如图 1-3、图 1-4 所示。位图是连续色调图像，常见的位图有数码照片和数字绘画等。

图1-3

图1-4

矢量图也叫矢量形状或矢量对象，在数学上定义为一系列由线连接的点。与位图不同，每一个矢量图都是一个自成一体的实体，具有颜色、形状、轮廓、大小和屏幕位置等属性。矢量图和分辨率无关，任意移动或修改都不会影响其细节的清晰度，如图 1-5、图 1-6 所示。

图1-5

图1-6

3. 图像的颜色模式

颜色模式是指同一属性的不同颜色的集合。它能方便用户使用各种颜色，而不必在反复使用某种颜色时对颜色进行重新调配。常用的颜色模式包括 RGB 颜色模式、CMYK 颜色模式、Lab 颜色模式、HSB 颜色模式和灰度模式等。每一种颜色模式都有自己的优缺点及适用范围，而且各颜色模式之间可以根据图像处理工作的需要进行转换。

- RGB 颜色模式。这是最基础的颜色模式，是一种加色模式，也是最适合计算机屏幕显示的颜色模式。在 RGB 颜色模式中，R（Red）代表红色，G（Green）代表绿色，B（Blue）代表蓝色。R、G、B 的取值范围均为 0～255，当 R、G、B 值均为 0 时为黑色，当 R、G、B 值均为 255 时则为白色。新建的 Photoshop 文件的默认颜色模式为 RGB 颜色模式。

- CMYK 颜色模式。这是一种减色模式，主要用于印刷领域。在 CMYK 颜色模式中，C（Cyan）代表青色，M（Magenta）代表品红色，Y（Yellow）代表黄色，K（Black）代表黑色。

🔍 **应用秘技**

屏幕上显示的图像应采用 RGB 颜色模式，用于印刷的图像则应采用 CMYK 颜色模式。

- Lab 颜色模式。这是最接近真实世界颜色的一种颜色模式。其中，L 表示亮度，其取值范围是 0～100，a 表示由绿色到红色的范围，b 表示由蓝色到黄色的范围，a、b 取值范围是 −128～127。该模式是一种独立于设备而存在的颜色模式，不受任何硬件性能的影响。

- HSB 颜色模式。HSB 又称为 HSV，是基于人类对颜色的感觉而开发的颜色模式，也是最接近人眼观察颜色的一种模式。所有的颜色都用色相（H）、饱和度（S）及亮度（B）来描述。
- 灰度模式。该模式图像中只存在灰度，而没有色度、饱和度等颜色信息。灰度模式共有 256 个灰度级别。灰度模式的应用十分广泛。在成本相对低廉的黑白印刷中，许多图像都采用灰度模式。灰度的表示方法是百分比，其取值范围为 0% ~ 100%。

4. 常见文件格式

在储存图像时，可根据需要选择不同的文件格式，如 PSD、GIF、JPEG、PDF、PNG 及 TIFF 格式等。

- PSD（.psd、.pdd、.psdt）。该格式是 Photoshop 软件的专用格式，支持网络、通道、路径、剪贴路径和图层等所有 Photoshop 功能，还支持 Photoshop 使用的所有颜色深度和图像模式。在 Photoshop 中存储和打开此格式文件也较快。
- GIF（.gif）。GIF 分为静态 GIF 和动画 GIF 两种，它支持透明背景图像，适用于多种操作系统，其"体型"很小。网上很多小动画都是 GIF 格式。
- JPEG（.jpg、.jpeg、.jpe）。JPEG 格式是目前网络上最常用的图像格式之一，具有调节图像质量的功能，允许用不同的压缩比对文件进行压缩，支持多种压缩级别。压缩比越大，图像品质就越低；压缩比越小，图像品质就越高。
- PDF（.pdf、.pdp）。该格式适用于不同的平台，可以覆盖矢量图和位图，并且支持超链接。
- PNG（.png）。该格式适用于网络图像，可以保存 24 位的真彩色图像，并且支持透明背景和消除锯齿边缘的功能，可以在不失真的情况下压缩并保存图像。
- TIFF（.tif、.tiff）。TIFF 格式支持位图、灰度、索引、RGB、CMYK 和 Lab 等颜色模式，常用于出版和印刷业中。

1.1.2 Photoshop 的应用领域

Photoshop 的应用领域很广泛，如插画、包装、网页、出版、图像处理等。Photoshop 在很大程度上满足了人们对视觉艺术高层次的追求。

1. 平面设计

平面设计是 Photoshop 应用最广泛的领域之一，无论是图书封面，还是海报、宣传单等具有丰富图像的印刷品，基本上都是使用 Photoshop 编辑处理的，如图 1-7、图 1-8 所示。

图 1-7 图 1-8

2. 插画设计

Photoshop 拥有良好的绘画及调色功能，不仅能实现逼真的传统绘画效果，还可制作出一般画笔无法实现的特殊效果，如图 1-9、图 1-10 所示。

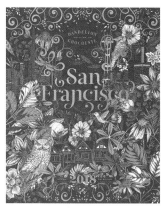

图1-9

图1-10

3. 包装设计

包装作为产品的第一形象，往往最先展现在顾客眼前，被称为"无声的销售员"。顾客只有在被产品包装吸引并进行了解、比较后，才会决定是否购买。可见包装设计是非常重要的，如图 1-11、图 1-12 所示。

图1-11

图1-12

4. 界面设计

界面设计（UI 设计）是指针对软件的人机交互、操作逻辑、界面美观所进行的整体设计，如图 1-13、图 1-14 所示。好的 UI 设计不仅会让软件变得有个性、有品位，还会让软件的操作变得舒适、简单、自由，充分体现软件的定位和特点。

图1-13

图1-14

5. 后期处理

Photoshop 具有强大的图像修饰修复、校色调色功能。利用这些功能，可以快速修复破损的老照片、美化人物面部的瑕疵，方便快捷地对图像的颜色进行调整和校正。用户可以将几幅图像通过图层操作、工具应用合成为完整的、意义明确的图像，还可以通过滤镜、通道及工具综合应用完成特效制作，如图 1-15、图 1-16 所示。

图 1-15

图 1-16

1.1.3 Photoshop 的工作界面

启动 Photoshop，打开任意一个图像文件，即可进入工作界面。工作界面主要包括菜单栏、属性栏、标题栏、工具箱、图像编辑窗口、状态栏、浮动面板组等，如图 1-17 所示。

图 1-17

A：菜单栏。

菜单栏由"文件""编辑""图像""图层""文字""选择"等 11 个菜单组成。单击相应的菜单按钮即可打开菜单，在菜单中单击某一项命令即可执行相应操作。

B：属性栏。

属性栏在菜单栏的下方，主要用来设置工具的参数。选择不同的工具，属性栏也会不同。

C：标题栏。

标题栏在属性栏的下方，其中会显示当前文件的名称、格式、窗口缩放比例及颜色模式等。

D：工具箱。

默认情况下，工具箱位于工作界面左侧，单击工具箱中的工具按钮，即可使用该工具。部分工具右下角有一个黑色小三角按钮，表示这是一个工具组，用鼠标右键单击该工具按钮，即可显示工具组中的全部工具。

E：图像编辑窗口。

图像编辑窗口是用来绘制、编辑图像的区域。其中的灰色区域是工作区，图像编辑窗口的上方是标题栏、左边是工具箱、右边是浮动面板组（默认），下方是状态栏。

F：状态栏。

状态栏位于工作界面的底部，用于显示当前文档缩放比例、文档尺寸大小等信息。单击状态栏中的三角形按钮 ⟩，可以设置要显示的内容。

G：浮动面板组。

面板用来配合图像的编辑，对操作进行控制并设置选项等。每个面板的右上角都有一个菜单按钮 ≣，单击该按钮即可打开该面板菜单。常用的面板有"图层"面板、"属性"面板、"通道"面板、"动作"面板、"历史记录"面板和"颜色"面板等。

1.1.4　图像辅助工具

Photoshop 提供了多种用于测量和定位的辅助工具，如标尺、参考线和网格等。这些辅助工具对图像的编辑不起任何作用，但使用它们可以更加精确地处理图像。

1. 标尺

默认情况下，启动 Photoshop 后，执行"视图>标尺"命令，或按 Ctrl+R 组合键即可显示标尺。在默认状态下，标尺的原点位于图像编辑窗口的左上角，其坐标值为(0,0)。在左上角标尺相交的位置██ 按住鼠标左键并向右下方拖曳，会拖出两条十字交叉的线，释放鼠标，可设置新的零点位置，如图 1-18、图 1-19 所示。双击左上角标尺相交的位置██，可恢复到原始状态。

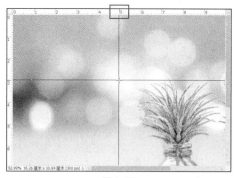

图 1-18　　　　　　　　　　　　　　　　　图 1-19

应用秘技

在图像编辑窗口的上边缘和左边缘可以看到标尺，用鼠标右键单击标尺，在弹出的菜单中可更改单位。

2. 参考线

通过参考线可精确地定位图像或元素。创建参考线有手动创建和自动创建两种方法。

（1）手动创建参考线

执行"视图>标尺"命令，或按 Ctrl+R 组合键显示标尺，将鼠标指针放置在左侧垂直标尺上并将其向右拖曳，即可创建垂直参考线，如图 1-20 所示。将鼠标指针放置在上侧水平标尺上并将其向下拖曳，即可创建水平参考线，如图 1-21 所示。

图1-20 图1-21

（2）自动创建参考线

执行"视图>新建参考线"命令，在弹出的"新建参考线"对话框中设置具体的位置，单击"确定"按钮，即可创建参考线，如图 1-22、图 1-23 所示。

图1-22 图1-23

若要一次性创建多条参考线，可执行"视图>新建参考线版面"命令，在弹出的"新建参考线版面"对话框中进行设置，然后单击"确定"按钮，如图 1-24、图 1-25 所示。

图1-24 图1-25

应用秘技

可对创建好的参考线进行以下操作。

- 若要调整参考线，可选择"选择工具" ✛ ，将鼠标指针放置在参考线上，当鼠标指针变为 ↔ 形状后进行调整。
- 若要删除参考线，可将要删除的参考线拖曳至画布外。
- 若要锁定参考线，可按 Alt+Ctrl+;组合键。
- 若要隐藏参考线，可按 Ctrl+H 组合键。

3. 智能参考线

智能参考线是一种在绘制、移动、变换时自动显示的参考线，可以帮助用户在移动图像时对齐特定对象。执行"视图>显示>智能参考线"命令，即可启用智能参考线。当绘制形状或移动图像时，智能参考线便会自动显示。图 1-26 所示为图像在画布中水平、垂直居中。当复制或移动图像时，Photoshop 会显示测量参考线，如图 1-27 所示。

图1-26   图1-27

4. 网格

网格主要用于对齐参考线，以便用户对齐图像。执行"视图>显示>网格"命令，或按 Ctrl+'组合键，即可在画布中显示网格。再次执行该命令，将取消网格的显示。

执行"编辑>首选项>参考线、网格和切片"命令，在打开的"首选项"对话框中可设置网格的颜色、样式、网格线间隔、子网格数量等，如图 1-28、图 1-29 所示。

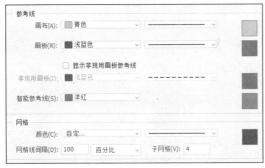

图1-28   图1-29

5. 智能对齐

对齐功能有助于精确地放置选区，裁剪选框、切片、形状和路径等。执行"视图>对齐"命令，命令左侧出现复选标记，表示已启用对齐功能。执行"视图>对齐到"命令，在子菜单中可以看到可对齐的内容，如图 1-30 所示。

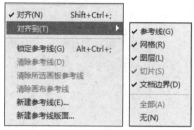

图 1-30

该子菜单中主要命令的功能介绍如下。

- 参考线：与参考线对齐。
- 网格：与网格对齐，在网格隐藏时不能选择该命令。
- 图层：与图层中的内容对齐。
- 切片：与切片边界对齐，在切片隐藏时不能选择该命令。
- 文档边界：与文档的边界对齐。
- 全部：启用"对齐到"子菜单中的所有对齐功能。
- 无：禁用"对齐到"子菜单中的所有对齐功能。

1.2 图像文件的基本操作

在编辑图像文件之前，通常需要对图像文件进行一些基本操作，如图像文件的新建与打开、置入与导出、存储与关闭等。

1.2.1 新建与打开图像文件

在使用 Photoshop 对图像文件进行处理之前，先要掌握新建与打开图像文件的方法。

新建图像文件有以下 3 种方法。

- 启动 Photoshop，单击"新建"按钮 新建 。
- 执行"文件>新建"命令。
- 按 Ctrl+N 组合键。

以上操作均可以打开"新建文档"对话框，如图 1-31 所示。在该对话框中可以设置新文件的名称、尺寸、分辨率、颜色模式及背景等。设置完成后，单击"创建"按钮，即可创建一个新文件。

该对话框中主要选项的功能介绍如下。

- 名称：用于设置新文件的名称，默认为"未标题-1"。
- 方向：用于设置新文件为竖版 📄 或横版 📄 。
- 分辨率：用于设置新文件的分辨率大小，常用的单位为"像素/英寸"与"像素/厘米"。在同样的打印尺寸下，分辨率高的图像更清楚、更细腻。
- 颜色模式：用于设置新文件的颜色模式，默认为"RGB 颜色"模式。
- 背景内容：用于设置背景颜色，可选择"白色""黑色""背景色""透明""自定义"。

若要编辑已有图像文件，可以直接将该图像文件拖曳至 Photoshop 中，或者执行"文件>打开"命令，在弹出的"打开"对话框中选择目标图像文件。

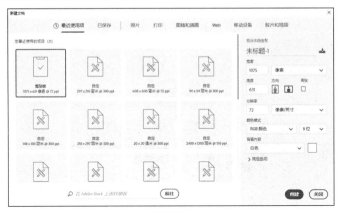

图 1-31

[实操 1-1] 创建 A4 大小的印刷格式文件

[实例资源]\第 1 章\印刷文档.psd

STEP 1 执行"文件>新建"命令，或按 Ctrl+N 组合键，如图 1-32 所示。

STEP 2 在弹出的"新建文档"对话框中单击"打印"选项卡，如图 1-33 所示。

1-1 创建 A4 大小
印刷格式文档

图 1-32

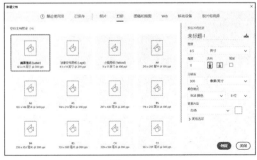

图 1-33

STEP 3 单击"A4"按钮，设置文件的名称为"印刷文档"、颜色模式为"CMYK 颜色"，单击"创建"按钮，如图 1-34 所示。

STEP 4 创建的新文件如图 1-35 所示。

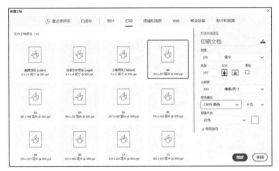

图 1-34

图 1-35

1.2.2 置入与导出图像文件

使用置入功能可以将图片或任何 Photoshop 支持的文件作为智能对象添加到文件中。置入图像文件可直接将其拖曳至文件中，也可以执行"文件>置入嵌入对象"命令，在弹出的"置入嵌入的对象"对话框中选择需要的文件，单击"置入"按钮。置入的文件默认放置在画布的中间，且文件会保持原始长宽比，如图 1-36 所示。

使用导出功能可以将 Photoshop 所绘制的图像或路径导出至其他软件中。执行"文件>导出"命令，在弹出的子菜单中可以执行相应的命令以导出文件，如图 1-37 所示。

图 1-36

图 1-37

1.2.3 存储与关闭图像文件

在操作完成后，可以对图像文件进行保存。常用的保存方法如下。

- 执行"文件>存储"命令，或按 Ctrl+S 组合键。
- 执行"文件>存储为"命令，或按 Ctrl+Shift+S 组合键。

对新文件执行上述两个命令中的任何一个，或对打开的已有文件执行"文件>存储为"命令，都会弹出"另存为"对话框。在该对话框中可为文件指定保存位置和文件名，在"保存类型"下拉列表中可选择需要的文件格式，如图 1-38 所示。

图 1-38

📍 **应用秘技**

可根据工作任务的需要选择合适的图像文件存储格式。

- 印刷存储格式：TIFF、EPS。

- 出版物存储格式：PDF。
- 网络图像存储格式：GIF、JPEG、PNG。
- Photoshop 源文件：PSD、PSB、TIFF。

1.3　调整图像与画布的大小

在进行操作时，如果图像的大小不满足要求，则可根据需要在操作过程中调整修改，包括调整图像的大小、画布的大小等。

1.3.1　调整图像的大小

图像质量的好坏与图像的大小、分辨率有很大的关系，分辨率越高，图像就越清晰，而图像文件所占用的空间也就越大。执行"图像>图像大小"命令或按 Ctrl+Alt+I 组合键，打开"图像大小"对话框，在其中可对图像的尺寸进行设置，设置完成后单击"确定"按钮，如图 1-39 所示。

图 1-39

该对话框中主要选项的功能介绍如下。

- 图像大小：单击 ✿ 按钮，可以勾选"缩放样式"复选框。当文件中的某些图层包含图层样式时，勾选"缩放样式"复选框，在调整图像大小时就会自动缩放样式效果。
- 尺寸：显示图像当前尺寸，单击"尺寸"右边的 ∨ 按钮可以在下拉列表中选择尺寸单位，如"百分比""像素""英寸""厘米""毫米""点""派卡"。
- 调整为：在下拉列表中可选择 Photoshop 的预设尺寸。
- 宽度/高度/分辨率：用于设置文件的宽度、高度、分辨率，以确定图像的大小，如果要保持最初的宽高比例，可以保持启用"约束比例"🔗 按钮，再次单击"约束比例"按钮 🔗 则取消约束。
- 重新采样：在下拉列表中可选择采样插值方法。

1.3.2　调整画布的大小

画布是显示、绘制和编辑图像的工作区域。对画布尺寸进行调整可以在一定程度上影响图像尺寸的大小。放大画布时，图像四周会增加空白区域，而不会影响原有的图像；缩小画布时，不需要的图像边缘会根据设置被裁剪掉。执行"图像>画布大小"命令或按 Ctrl+Alt+C 组合键，打开"画布大小"对话框，如图 1-40 所示。

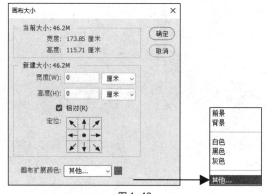

图 1-40

该对话框中主要选项的功能介绍如下。

- 当前大小：用于显示文件的实际大小、图像的宽度和高度。
- 新建大小：用于修改画布尺寸后的大小。

  宽度/高度：用于设置画布的尺寸。

  相对：勾选此复选框，输入的是从当前画布大小添加或减去的数量，输入正数将为画布添加一部分，输入负数将从画布中减去一部分。

  定位：单击定位按钮，可以设置图像相对于画布的位置。

- 画布扩展颜色：在下拉列表中选择画布的扩展颜色，可以选择"背景""前景""白色""黑色""灰色""其他"。

1.3.3 将图像裁剪成自定义大小

当使用"裁剪工具" 调整图像大小时，图像的像素大小和文件大小会发生变化，但是图像不会重新采样。在使用"裁剪工具" 时，可以在工具的属性栏中设置裁剪区域的大小，也可以以固定的长宽比例裁剪图像。选择"裁剪工具" ，显示其属性栏，如图 1-41 所示。

图 1-41

该属性栏中主要选项的功能介绍如下。

- 约束方式 比例 ：在下拉列表中可以选择一些预设的裁切约束比例。
- 约束比例 ：在该数值框中可直接输入自定的约束比例数值。
- 清除：单击该按钮，可删除约束比例方式与数值。
- 拉直：单击该按钮，可以为照片定义水平线，将倾斜的照片"拉"回水平。
- 视图 ：在该下拉列表中可以选择裁剪区域的参考线，包括三等分、黄金分割、金色螺旋线等常用构图线。
- 设置其他选项 ：单击该按钮，在下拉列表中可以进行一些功能设置，选择"经典"模式则使用 CS6 版本之前的剪裁工具模式。
- 删除裁剪的像素：勾选该复选框，多余的画面将会被删除；若取消勾选该复选框，则对画面的裁剪是无损的，即被裁剪掉的画面部分并没有被删除，可以随时改变裁剪范围。

[实操 1-2] 裁剪 1 : 1 图像

[实例资源]\第 1 章\裁剪图像.jpg

STEP 1 将素材文件在 Photoshop 中打开，如图 1-42 所示。

STEP 2 选择"裁剪工具" ，在属性栏的"比例"下拉列表中选择"1:1（方形）"选项，如图 1-43 所示。

1-2　裁剪 1:1 图像

图 1-42

图 1-43

STEP 3 移动鼠标指针至裁剪框的任意角上，按住 Shift 键拖曳鼠标指针，将裁剪框调整至合适大小，如图 1-44 所示。

STEP 4 按 Enter 键确认裁剪，如图 1-45 所示。

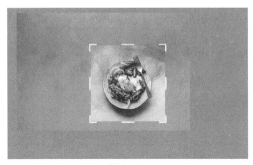

图 1-44

图 1-45

1.4　设置和填充颜色

在 Photoshop 中可以通过前景色和背景色、拾色器、"颜色"面板、"吸管工具" 、"油漆桶工具" 、"渐变工具" 等填充颜色。

1.4.1　设置前景色和背景色

Photoshop 的工具箱底部有一组前景和背景色的设置按钮，默认前景色是黑色、背景色是白色，如图 1-46 所示。

图 1-46

- 前景色：单击该色块，可在弹出的拾色器中选择一种颜色作为前景。
- 背景色：单击该色块，可在弹出的拾色器中选择一种颜色作为背景。
- 切换颜色 按钮：单击该按钮或按 X 键，可切换前景色和背景色。

- 默认颜色 按钮：单击该按钮或按 D 键，可恢复默认前景色和背景色。

1.4.2　拾色器与相关颜色面板

设置前景色和背景色有多种方式，如通过拾色器、"颜色"面板、"色板"面板等完成。

1. 拾色器

在"拾色器"对话框中可以设置前景色、背景色和文本颜色，也可以为不同的工具、命令和选项设置目标颜色。

单击工具箱下方的前景色或背景色色块，会弹出相应的"拾色器"对话框，如图 1-47 所示。直接单击颜色区域的任意位置，可选择颜色，色值显示在右侧。拖曳颜色带上的三角滑块，可以改变左侧颜色框中的颜色范围。在"#"数值框中输入色值可直接设置颜色。

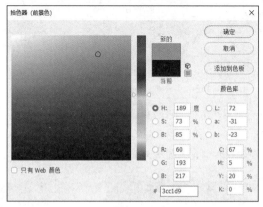

图 1-47

2. "颜色"面板

执行"窗口>颜色"命令，在弹出的"颜色"面板中，有以下几种设置颜色的方法。

- 直接拖曳滑块设置色值，如图 1-48 所示。
- 在文本框中输入色值。
- 在面板底部的四色曲线图的色谱中选择颜色，如图 1-49 所示。

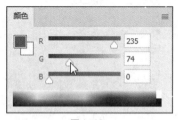

图 1-48

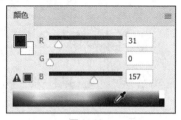

图 1-49

> **应用秘技**
>
> 单击菜单按钮 ，可在弹出的面板菜单中切换不同模式的滑块与色谱。

3. "色板"面板

执行"窗口>色板"命令，弹出"色板"面板，如图 1-50 所示。单击相应的颜色即可将其设置为前景色，按住 Alt 键单击相应的颜色则可将其设置为背景色，如图 1-51 所示。

图1-50

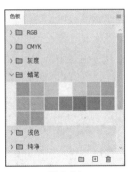

图1-51

1.4.3 吸取与应用颜色

除了可以通过拾色器和相关面板设置颜色外，还可以选择"吸管工具" 与"油漆桶工具" 快速吸取与填充颜色。

选择"吸管工具" ，可以从当前图像或屏幕上的任何位置吸取颜色，如图 1-52 所示。在吸取颜色的同时，"信息"面板中会显示实时的颜色信息，如图 1-53 所示。

图1-52

图1-53

⊕ **应用秘技**

选择工具箱中的任意一种工具，在图像上移动鼠标指针，"信息"面板中也会实时显示鼠标指针处的颜色信息。

使用"油漆桶工具" 可以在图像中填充前景色和图案。若创建了选区，填充的为当前区域；若没有创建选区，填充的为与吸取处颜色相近的区域。选择"油漆桶工具" ，显示其属性栏，如图 1-54 所示。

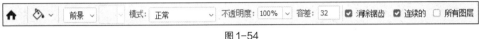

图1-54

该属性栏中主要选项的功能介绍如下。

- 填充 前景 ∨：可选择"前景"或"图案"两种填充方式，当选择"图案"填充时，可在其下拉列表中选择相应的图案。
- 不透明度：用于设置填充的颜色或图案的不透明度。
- 容差：用于设置"油漆桶工具" 进行填充的图像区域。
- 消除锯齿：勾选该复选框，可以消除填充区域边缘的锯齿形状。

- 连续的：勾选该复选框，则填充的区域是和单击点相似并连续的部分；取消勾选该复选框，则填充的区域是所有和单击点相似的像素，无论其和单击点是否连续。
- 所有图层：用于设置是否作用于所有图层。

新建图层选区和直接使用"油漆桶工具" ⬥ 的对比如图 1-55、图 1-56 所示。

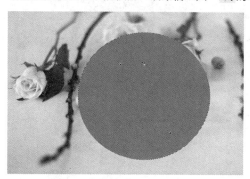

图 1-55

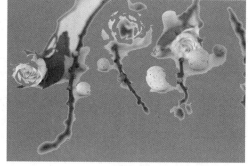

图 1-56

1.4.4 渐变颜色相关

"渐变工具" ▮ 的应用非常广泛，其不仅可以填充图像，还可以填充图层蒙版、快速蒙版和通道等。使用"渐变工具" ▮ 可以创建多种颜色之间的逐渐混合。选择"渐变工具" ▮，显示其属性栏，如图 1-57 所示。

图 1-57

该属性栏中主要选项的功能介绍如下。

- 渐变颜色条 ▮▮：显示当前渐变颜色，单击右侧的下拉按钮 ⌄，可以打开"渐变"拾色器，如图 1-58 所示；单击渐变颜色条，则会弹出"渐变编辑器"对话框，在该对话框中可以进行编辑，如图 1-59 所示。

图 1-58

图 1-59

- 线性渐变 ▮：单击该按钮，可以以直线方式从不同方向创建起点到终点的渐变。
- 径向渐变 ▮：单击该按钮，可以以圆形的方式创建起点到终点的渐变。
- 角度渐变 ▮：单击该按钮，可以创建围绕起点以逆时针扫描的渐变。

- 对称渐变 ▣：单击该按钮，可以使用均衡的线性渐变在起点的任意一侧创建渐变。
- 菱形渐变 ▣：单击该按钮，可以以菱形的方式从起点向外产生渐变，终点为菱形的一个角。
- 模式：设置渐变的混合模式。
- 不透明度：设置渐变的不透明度。
- 反向：勾选该复选框，可以得到反方向的渐变效果。
- 仿色：勾选该复选框，可以使渐变效果更加平滑，防止打印时出现条带化现象，但在显示屏上不会明显地显示出来。
- 透明区域：勾选该复选框，可以创建包含透明像素的渐变。

1.5　实战演练——为图形填色

本实战演练将使用"吸管工具" 🖊 和"油漆桶工具" 🪣 为图形填充颜色，读者应综合运用本章所学知识点，熟练掌握并巩固颜色吸取与填充的方法。

1-3 填充颜色

1. 实战目标

本实战演练将为图形填充颜色，参考效果如图 1-60、图 1-61 所示。

图 1-60

图 1-61

2. 操作思路

掌握使用"吸管工具" 🖊 的方法，下面结合"吸管工具" 🖊 开始实战演练。

STEP↘1　打开素材文件，并置入参考图像，调整其至合适大小，如图 1-62 所示。

STEP↘2　在"图层"面板中单击"背景"图层，如图 1-63 所示。

图 1-62

图 1-63

STEP↘3　选择"吸管工具" 🖊 吸取参考图像上的颜色，如图 1-64 所示。

STEP↘4　选择"油漆桶工具" 🪣 填充颜色，最终效果如图 1-65 所示。

图1-64

图1-65

➕ 知识拓展

Q1 如何在操作中不破坏置入图像的品质？

A1 按 Ctrl+K 组合键，在弹出的"首选项"对话框中勾选"在置入时始终创建智能对象"复选框，如图 1-66 所示。置入的图像为智能对象，任意放大缩小不会影响其清晰度，也不会破坏其品质，且操作可逆。若取消勾选该复选框，则置入的图像为普通图层，放大缩小会改变其像素值与清晰度，并破坏其品质。

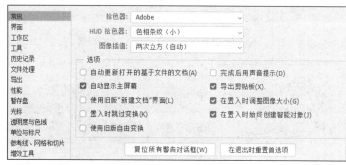

图1-66

Q2 在操作过程中如何缩放图像的显示比例？

A2 在操作过程中有以下几种方法可以缩放图像的显示比例。

- 按 Ctrl++组合键可放大图像，按 Ctrl+-组合键可缩小图像。
- 按 Ctrl+0 组合键可按屏幕大小缩放图像。
- 按 Ctrl+1 组合键可按 100%缩放显示。
- 按住 Ctrl+Space 组合键，按住鼠标左键向右下方拖曳可放大图像，向左上方拖曳可缩小图像。
- 按住 Alt 键滚动鼠标滚轮可放大缩小图像。

Q3 如何使用"吸管工具" 🖋 吸取软件外的颜色？

A3 选择"吸管工具" 🖋，在选色位置按住鼠标左键即可吸取颜色，如图 1-67 所示。

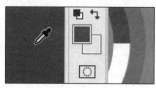

图1-67

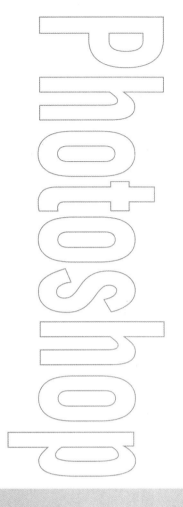

第 2 章
绘制图像很简单

本章主要对 Photoshop 中绘制图像的工具与画笔的选项设置进行讲解，包括用于绘制规则图形的形状工具组，用于绘制自定义图形的画笔工具组，以及用于对画笔进行设置的"画笔设置"面板等。

课堂学习目标

- 掌握形状工具组的使用方法
- 掌握画笔工具组的使用方法
- 掌握画笔样式的设置

2.1 使用形状工具组绘制规则图形

使用 Photoshop 中的形状工具组可以绘制出规则图形：使用"矩形工具" ▢ 绘制矩形和正方形，使用"圆角矩形工具" ▢ 绘制圆角矩形，使用"椭圆工具" ◯ 绘制椭圆形和圆形，使用"多边形工具" ⬡ 绘制多边形和星形，使用"直线工具" ／ 绘制直线和箭头，使用"自定形状工具" ⛬ 绘制特殊形状。

2.1.1 绘制矩形与正方形

使用绘图工具可以绘制自定义大小的形状路径，也可以绘制尺寸精确的形状路径。选择"矩形工具" ▢ 后，可进行以下操作。

1. 绘制自定义大小的形状路径

- 直接拖曳鼠标指针可绘制矩形。
- 按住 Alt 键可以以鼠标指针为中心绘制矩形。
- 按住 Shift 键并拖曳鼠标指针可以绘制正方形。
- 按住 Shift+Alt 组合键可以以鼠标指针为中心绘制正方形。

2. 绘制尺寸精确的形状路径

- 单击画布，在弹出的"创建矩形"对话框中可设置具体选项，如图 2-1 所示。
- 单击属性栏中的 ⚙ 按钮，在打开的"路径选项"面板中可进行设置，如图 2-2 所示。

图 2-1

图 2-2

"路径选项"面板中主要选项的功能介绍如下。

- 不受约束：选中该单选按钮，可以绘制任意大小的矩形。
- 方形：选中该单选按钮，可以绘制任意大小的正方形。
- 固定大小：选中该单选按钮，在后面的数值框中输入宽度（W）与高度（H）的具体值，单击画布即可创建矩形。
- 比例：选中该单选按钮，在后面的数值框中输入宽度（W）与高度（H）的比例，创建的矩形将始终保持此比例。
- 从中心：勾选此复选框，以上面的任何方式创建矩形时，单击的点都为矩形的中心点。

2.1.2 绘制圆角矩形

"圆角矩形工具" ▢ 用于绘制带有一定圆角弧度的矩形，其操作方法和"矩形工具" ▢ 大致相同。不同的是，选择"圆角矩形工具" ▢，属性栏中会出现"半径"数值框，在其中输入的数值越大，圆角的弧度就越大。图 2-3 所示为半径分别是 100 像素与 500 像素的圆角矩形的对比图。

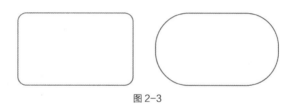

图 2-3

2.1.3　绘制椭圆形与圆形

"椭圆工具" ◯ 用于绘制椭圆形和圆形，其操作方法和"矩形工具" ▢ 一样。选择"椭圆工具" ◯ 后，直接在画布上拖曳鼠标指针可绘制椭圆形，操作时按住 Shift 键可绘制圆形，如图 2-4 所示。

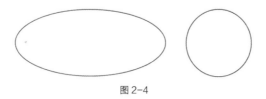

图 2-4

🔍 **[实操 2-1] 绘制"孟菲斯对话框"**

💾 [实例资源]\第 2 章\孟菲斯对话框.psd

STEP☇1 选择"圆角矩形工具" ▢，在属性栏中设置填充颜色，设置半径为"50 像素"，按住鼠标左键并拖曳绘制圆角矩形，如图 2-5 所示。

2-1 绘制"孟菲斯对话框"

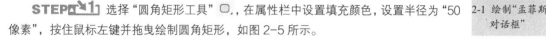

图 2-5

STEP☇2 按 Ctrl+J 组合键复制圆角矩形并向上移动，在属性栏中设置填充为无，描边为"深蓝色""15 像素""虚线"，如图 2-6、图 2-7 所示。

图 2-6

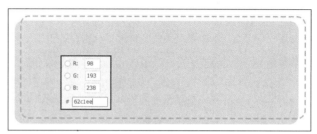

图 2-7

STEP☇3 按 Ctrl+J 组合键复制图层，在属性栏中设置描边为"白色"，如图 2-8 所示。

STEP☇4 将白色虚线圆角矩形图层移至"背景"层之上，如图 2-9 所示。

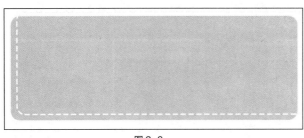 

图 2-8　　　　　　　　　　　　图 2-9

STEP 5 选择"圆角矩形 1 拷贝 2"，按 Ctrl+Alt+G 组合键创建剪贴蒙版，如图 2-10、图 2-11 所示。

图 2-10　　　　　　　　　　　　图 2-11

STEP 6 选择"椭圆工具" ○，单击画布，在弹出的"创建椭圆"对话框中进行设置，单击"确定"按钮创建圆形，按住 Alt+Shift 组合键移动并复制该圆形，如图 2-12 所示。

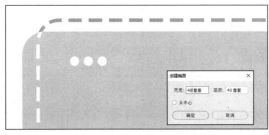

图 2-12

STEP 7 选择"圆角矩形工具" ○.，在属性栏中设置半径为"16 像素"，绘制图 2-13 所示圆角矩形。

图 2-13

STEP 8 选择"矩形工具" ▢ ，绘制图 2-14 所示矩形。

图 2-14

STEP 9 选择"矩形工具" ▢ 绘制一个矩形，选择"直接选择工具" ▶ 调整锚点，在弹出的提示对话框中单击"是"按钮，将其调整为三角形，如图 2-15、图 2-16 所示。

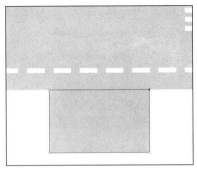

图 2-15

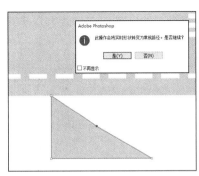

图 2-16

STEP 10 按 Ctrl+T 组合键调整三角形角度，选择"横排文字工具" **T** ，单击画布后输入文字并进行设置，如图 2-17、图 2-18 所示。

图 2-17

图 2-18

2.1.4　绘制多边形与星形

"多边形工具" ⬡ 用于绘制正多边形（最少为 3 边）和星形。选择"多边形工具" ⬡ ，单击画布，此时会弹出"创建多边形"对话框，如图 2-19 所示。在属性栏中设置"边数"后，单击 ⚙ 按钮，在打开的"路径选项"面板中可进行相关设置，如图 2-20 所示。

图 2-19

图 2-20

"路径选项"面板中主要选项的功能介绍如下。

- 半径：用于设置多边形或星形的半径长度，单位为厘米。
- 平滑拐角：勾选此复选框，可创建出具有平滑拐角效果的多边形或星形。
- 星形：勾选此复选框，可创建出星形，"缩进边依据"主要用来设置星形边缘向中心缩进的百分比，数值越大，缩进量越大。图 2-21 所示为缩进 60% 的星形，图 2-22 所示为勾选"平滑拐角"复选框且缩进 60% 的星形。

图 2-21

图 2-22

- 平滑缩进：勾选此复选框，可在"缩进边依据"文本框中输入缩进百分比。图 2-23 所示为勾选"平滑缩进"复选框且分别缩进 30%、60%、90% 的星形。

图 2-23

2.1.5 绘制直线与箭头

"直线工具" /用于绘制直线和带有箭头的路径。选择"直线工具" /，单击属性栏中的 ✿ 按钮，在打开的"路径选项"面板中可进行相关设置，如图 2-24 所示。

"路径选项"面板中主要选项的功能介绍如下。

- 起点/终点：勾选"起点"或"终点"复选框，可在直线的起点或终点处添加箭头，若同时勾选两个复选框，则直线两端都有箭头，如图 2-25 所示。

图 2-24

- 宽度：用于设置箭头宽度与线条粗细的百分比，范围为 10%～1000%。图 2-26 所示为长度为 1000%，宽度分别为 300%、600% 及 900% 的效果。

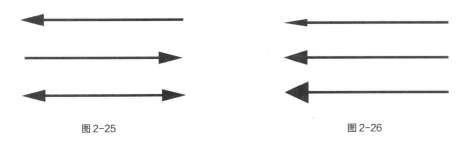

图 2-25　　　　　　　　　　　　　　　　　　　图 2-26

- 长度：用于设置箭头长度与线条粗细的百分比，范围为 10%～5000%。图 2-27 所示为宽度为 500%，长度分别为 1500%、2500% 及 3500% 的效果。
- 凹度：将箭头凹度设置为长度的百分比，范围为 −50%～50%；值为 0% 时，箭头尾部平齐；值大于 0% 时，箭头尾部向内凹陷；值小于 0% 时，箭头尾部向外凸出。图 2-28 所示为宽度为 500%、长度为 1000%，凹度分别为 −50%、10% 及 50% 的效果。

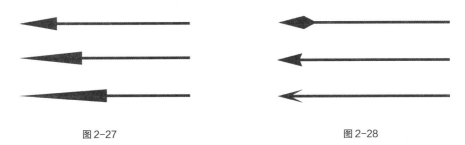

图 2-27　　　　　　　　　　　　　　　　　　　图 2-28

2.1.6　绘制自定义形状

"自定形状工具" ✿ 用于绘制系统自带的不同形状。选择"自定形状工具" ✿，单击属性栏中的 ✿ 按钮，可选择预设自定形状，如图 2-29 所示。

执行"窗口>形状"命令，打开"形状"面板，单击菜单按钮 ≡，在弹出的面板菜单中执行"旧版形状及其他"命令，即可添加旧版形状，如图 2-30、图 2-31 所示。

图 2-29

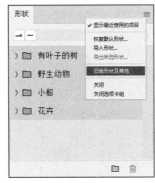

图 2-30

图 2-31

⊕ [实操 2-2] 绘制自定义花卉图形

📄 [实例资源]\第 2 章\自定义花卉图形.psd

2-2 绘制自定义
花卉图形

STEP✐1 执行"文件>新建"命令，新建 600 毫米×600 毫米的透明背景文件，如图 2-32 所示。

STEP✐2 在工具箱中单击"前景色"按钮，在弹出的"拾色器（前景色）"对话框中设置前景色，如图 2-33 所示。

图 2-32

图 2-33

STEP✐3 选择"自定形状工具" ✿，单击属性栏中的 ✿ 按钮，选择"花卉-形状 43"，按住 Shift 键拖曳鼠标指针绘制花卉形状，如图 2-34、图 2-35 所示。

STEP✐4 按住 Alt 键移动复制花卉形状，如图 2-36 所示。

图 2-34

图 2-35

图 2-36

STEP✐5 按 Ctrl+T 组合键自由变换花卉形状并将其等比例缩小，如图 2-37 所示。

STEP✐6 按住 Alt 键移动复制花卉形状，按 Ctrl+T 组合键自由变换复制出的花卉形状并将其等比例放大且旋转，如图 2-38 所示。

STEP✐7 使用相同的方法移动复制花卉形状，如图 2-39 所示。

图 2-37

图 2-38

图 2-39

2.2 使用画笔绘制自定义图形

使用 Photoshop 中的画笔工具组可绘制任意自定义图形。例如使用"画笔工具" 🖌 绘制柔和的线条，使用"铅笔工具" ✏ 绘制坚硬的线条，使用"颜色替换工具" 🖌 替换颜色，使用"混合器画笔工具" 🖌 模拟真实绘画效果。

2.2.1 绘制柔和线条与坚硬线条

在 Photoshop 中，"画笔工具" 🖌 是使用频率最高的工具之一。选择"画笔工具" 🖌 后，会显示出该工具的属性栏，如图 2-40 所示。设置完成后，便可绘制边缘柔和的线条。

图 2-40

该属性栏中主要选项的功能介绍如下。

- 工具预设 🖌：单击该按钮，可在打开的下拉列表中实现新建工具预设和载入工具预设等操作。
- 画笔预设 ●：单击该按钮，弹出"画笔预设"选取器，在此可选择画笔笔尖，设置画笔大小和硬度。
- 切换画笔设置面板 📝：单击该按钮，弹出"画笔设置"面板。
- 模式：用于设置画笔的绘画模式，即绘画时的颜色与当前颜色的混合模式。
- 不透明度：设置在使用画笔绘图时所绘颜色的不透明度，数值越小，所绘颜色越浅，反之则越深。
- 流量：用于设置使用画笔绘图时所绘颜色的深浅，若设置的流量较小，则其绘制效果如同降低不透明度，如经过反复涂抹，颜色就会逐渐加深。
- 启用喷枪样式的建立效果 🖌：单击该按钮，即可启动喷枪功能，将渐变色调应用于图像，同时模拟传统的喷枪效果。Photoshop 会根据鼠标指针的停留时间确定画笔线条的填充程度。
- 平滑：可控制绘画时得到图像的平滑度，数值越大，平滑度越高。单击 ✿ 按钮，可启用一个或多个模式，包括"拉绳模式""描边补齐""补齐描边末端""调整缩放"4 个模式可供选择。
- 设置画笔角度 ⊿：用于设置画笔的角度。
- 绘板压力控制大小 🖌：使用该功能时会覆盖"画笔"面板中"不透明度"和"大小"的设置。
- 设置绘画的对称选项 🦋：单击该按钮，可选择多种对称类型，包括"垂直""水平""双轴""对角线""波纹""圆形螺旋线""平行线""径向""曼陀罗"。

🔍 **应用秘技**

若按住 Shift 键移动鼠标指针，可以绘制出直线（水平、垂直或 45° 方向）效果（适用于所有画笔工具组的工具）。

选择"铅笔工具" ✏ 后，会显示出该工具的属性栏，如图 2-41 所示。设置完成后，便可绘制边缘坚硬的线条，特别是绘制斜线，锯齿效果会非常明显，并且所有定义的外形光滑的笔刷都会被锯齿化。

图 2-41

图 2-41 中，除了"自动抹除"选项外，其他选项均与"画笔工具" 🖌 相同。勾选"自动抹除"复选框，在图像上移动时，若鼠标指针的中心在前景色上，则该区域将变成背景色。若在开始移动时，鼠标指

针的中心在不包含前景色的区域上，则该区域将被绘制成前景色，如图 2-42、图 2-43 所示。

图 2-42

图 2-43

 应用秘技

"自动抹除"选项只适用于原始图像，在新建的图层上涂抹不起作用。

2.2.2　替换颜色

使用"颜色替换工具" 可以将选择的颜色替换为其他颜色，并保留图像原有材质的纹理与明暗，赋予图像更多变化。选择"颜色替换工具" 后，会显示出该工具的属性栏，如图 2-44 所示。

图 2-44

该属性栏中主要选项的功能介绍如下。

- 模式：用于设置替换颜色与图像的混合方式，有"色相""饱和度""亮度""颜色"4 种方式可供选择。
- 取样方式 ：用于设置所要替换颜色的取样方式，包括"连续" 、"一次" 和"背景色板" 3 种方式。选择"连续"方式将连续从笔刷中心所在区域取样，随着鼠标指针的移动而不断地取样；选择"一次"方式将以第一次单击时笔刷中心点的颜色为取样颜色，取样颜色不随鼠标指针的移动而改变；选择"背景色板"方式将以背景色为取样颜色，只替换与背景颜色相同或相近的颜色区域。
- 限制：用于指定替换颜色的方式，包括"不连续""连续""查找边缘"3 种方式。选择"不连续"方式将替换在容差范围内所有与取样颜色相似的像素；选择"连续"方式将替换与取样点相接或邻近的颜色相似的区域；选择"查找边缘"方式将替换与取样点相连的颜色相似的区域，能较好地保留替换位置颜色反差较大的边缘轮廓。
- 容差：用于控制替换颜色区域的大小，数值越小，所替换的颜色就越接近色样颜色，所替换的范围也就越小，反之则所替换的范围就越大。
- 消除锯齿：勾选此复选框，在替换颜色时，将得到较平滑的图像边缘。

2.2.3　模拟真实绘画效果

使用"混合器画笔工具" 可以像传统绘画中混合颜料一样混合像素，从而轻松模拟真实的绘画效果。选择"混合器画笔工具" 后，会显示出该工具的属性栏，如图 2-45 所示。

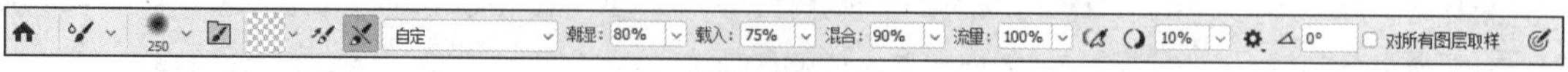

图 2-45

该属性栏中主要选项的功能介绍如下。

- 当前画笔载入 ：单击 色块可调整画笔颜色，单击右侧下拉按钮可以选择"载入画笔""清理画笔""只载入纯色"；"每次描边后载入画笔" 和"每次描边后清理画笔" 两个按钮控制每一笔涂抹结束后是否对画笔进行更新和清理。
- 潮湿：用于控制画笔从画布拾取的油彩量，设置较高的数值会产生较长的绘画条痕。
- 载入：用于指定储槽中载入的油彩量，载入数值较低时，绘画描边干燥的速度会更快。
- 混合：用于控制画布油彩量同储槽油彩量的比例。比例为 100% 时，所有油彩将从画布中拾取；比例为 0% 时，所有油彩都来自储槽。
- 流量：用于控制混合画笔流量的大小。
- 描边平滑度 10% ：用于控制画笔的抖动。
- 对所有图层取样：勾选此复选框，可拾取所有可见图层中的画布颜色。

2.3　设置与应用画笔样式

选择画笔工具组中的画笔时，可根据需要在"画笔"面板或"画笔设置"面板中设置画笔样式和选项。

2.3.1　创建自定义画笔预设

除了可以使用预设的画笔，还可以创建自定义画笔。绘制好自定义图形，执行"编辑>定义画笔预设"命令，在弹出的对话框中输入画笔名称，即可将绘制的自定义图形定义为画笔，如图 2-46 所示。

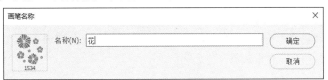

图 2-46

2.3.2　设置画笔预设

执行"窗口>画笔"命令，打开"画笔"面板，如图 2-47 所示。

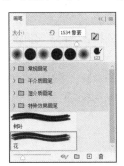

图 2-47

"画笔"面板中的"大小"参数用于设置画笔笔刷的大小。"硬度"参数用于控制画笔边缘的柔和程度。在实操过程中，可以按[键细化画笔或按]键加粗画笔。对于实边圆、柔边圆和书法画笔，按住 Shift+[组合键可以连续降低画笔的硬度，按住 Shift+]组合键可以连续提高画笔的硬度。

2.3.3　设置多种画笔样式

在"画笔"面板中单击"切换画笔设置面板" 按钮，在打开的"画笔设置"面板中不仅可以对画笔工具的属性进行设置，还可以针对大部分画笔的选项进行设置，包括"画笔工具" 、"铅笔工具" 、"仿制图章工具" 、"历史记录画笔工具" 、"橡皮擦工具" 、"加深工具" 及"模糊工具" 等。

> ⊕ **应用秘技**
>
> 打开"画笔设置"面板的方法有以下几种。
> - 选择"画笔工具" ，单击其属性栏中的"切换画笔设置面板" 按钮。
> - 执行"窗口>画笔设置"命令。
> - 在"画笔"面板中单击"切换画笔设置面板" 按钮。
> - 按 F5 键。

1.　画笔笔尖形状

单击"画笔设置"面板左侧的"画笔笔尖形状"选项，面板右侧的列表框中将会显示相应的画笔形状，如图 2-48 所示。其中主要选项的功能介绍如下。
- 大小：用于定义画笔的直径大小，其取值范围为 1~2500 像素。
- 翻转 X/翻转 Y：用于设置笔尖形状的翻转效果。
- 角度：用于设置画笔的角度，其取值范围为 −180°~180°。
- 圆度：用于设置椭圆形画笔长轴和短轴的比例，其取值范围为 0%~100%。
- 硬度：用于设置画笔笔触的柔和程度，其取值范围为 0%~100%。
- 间距：勾选该复选框，可以设置在绘制线条时两个绘制点之间的距离。

2.　形状动态

勾选"形状动态"复选框，面板右侧将会显示相应的画笔设置选项，可以设置画笔的大小、角度和圆度变化，控制绘画过程中画笔形状的变化效果，如图 2-49 所示。

3.　散布

勾选"散布"复选框，面板右侧将会显示相应的画笔设置选项，可以设置控制画笔偏离绘画路径的程度和数量，如图 2-50 所示。其中主要选项的功能介绍如下。
- 散布：用于控制画笔偏离绘画路径线的程度，百分比值越大，偏离程度越大。
- 两轴：勾选该复选框，则画笔将在 X 轴、Y 轴上发生分散，反之只在 X 轴上发生分散。
- 数量：用于控制绘制轨迹上画笔点的数量，该数值越大，画笔点越多。
- 数量抖动：用于控制每个空间间隔中画笔点的数量变化，该百分比值越大，得到的笔迹中画笔点的数量波动幅度越大。

4.　纹理

勾选"纹理"复选框，面板右侧将会显示相应的画笔设置选项，可以绘制出有纹理质感的笔触，如图 2-51 所示。其中主要选项的功能介绍如下。
- 设置纹理/反相：单击图案缩览图右侧的下拉按钮，在弹出的下拉列表中可选择"树""草""雨滴" 3 种纹理，若勾选"反相"复选框，则可以基于图案中的色调来翻转纹理。

- 缩放：拖曳滑块或在数值框中输入数值，可设置纹理的缩放比例。
- 为每个笔尖设置纹理：用于确定是否对每个画笔点都进行渲染，若不勾选该复选框，则"深度""最小深度""深度抖动"选项无效。

图 2-48　　　　　　　　　　图 2-49　　　　　　　　　　图 2-50

- 模式：用于选择画笔和图案之间的混合模式。
- 深度：用于设置图案的混合程度，数值越大，图案越明显。
- 最小深度：用于确定纹理显示的最小混合程度。
- 深度抖动：用于控制纹理显示浓淡的抖动程度，该百分比值越大，波动幅度越大。

5. 双重画笔

双重画笔指的是使用两种笔尖形状创建的画笔。勾选"双重画笔"复选框，面板右侧将会显示相应的画笔设置选项，如图 2-52 所示。

首先在面板右侧的"模式"下拉列表框中选择两种笔尖的混合模式，然后在画笔形状列表框中选择一种形状作为画笔的第二个笔尖形状，最后设置叠加画笔的"大小""间距""数量""散布"等选项。

6. 颜色动态

勾选"颜色动态"复选框，面板右侧将会显示相应的画笔设置选项，控制绘画过程中画笔颜色的变化情况，如图 2-53 所示。

设置颜色动态时，面板下方的预览框中并不会显示出相应的效果，动态颜色效果只有在绘画时才会看到。勾选"颜色动态"复选框后，面板右侧主要选项的功能介绍如下。

- 前景/背景抖动：用于设置画笔颜色在前景色和背景色之间的变化。
- 色相抖动：用于指定画笔绘制过程中画笔颜色色相的动态变化范围，该百分比值越大，画笔的色调发生随机变化时就越接近背景色色调，反之就越接近前景色色调。
- 饱和度抖动：用于指定画笔绘制过程中画笔颜色饱和度的动态变化范围，该百分比值越大，画笔的饱和度发生随机变化时就越接近背景色的饱和度，反之就越接近前景色的饱和度。
- 亮度抖动：用于指定画笔绘制过程中画笔亮度的动态变化范围，该百分比值越大，画笔的亮度发生随机变化时就越接近背景色亮度，反之就越接近前景色亮度。
- 纯度：用于设置绘画颜色的纯度。

图 2-51

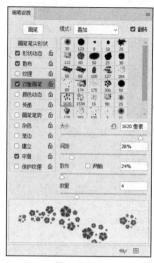
图 2-52

图 2-53

7.传递

勾选"传递"复选框，面板右侧将会显示相应的画笔设置选项，可设置不透明度、流量、湿度、混合等抖动，用于调整油墨在描边路线中的改变方式，如图 2-54 所示。其中主要选项的功能介绍如下。

- 不透明度抖动/控制：用于设置画笔绘制过程中油墨不透明度的变化程度，若要控制画笔笔迹的不透明度变化，可在"控制"数值框中进行设置。
- 流量抖动/控制：用于设置画笔绘制过程中油墨流量的变化程度，若要控制画笔笔迹的流量变化，可在"控制"数值框中进行设置。
- 湿度抖动/控制：用于设置画笔绘制过程中油墨湿度的变化程度，若要控制画笔笔迹的湿度变化，可在"控制"数值框中进行设置。
- 混合抖动/控制：用于设置画笔绘制过程中油墨混合的变化程度，若要控制画笔笔迹的混合变化，可在"控制"数值框中进行设置。

8.画笔笔势

勾选"画笔笔势"复选框，面板右侧将会显示相应的画笔设置选项，可调整毛刷画笔笔尖、侵蚀画笔笔尖的角度，如图 2-55 所示。

9.其他设置

"画笔设置"面板中还有其他 5 个复选框，勾选任意一个复选框，可为画笔添加相应的效果。但是勾选这些复选框后，面板右侧没有具体选项可供设置。

- 杂色：勾选该复选框，可在画笔边缘增加杂点效果。
- 湿边：勾选该复选框，可使画笔边界呈现湿边效果，类似于水彩绘画。
- 建立：勾选该复选框，可使画笔具有喷枪效果。
- 平滑：勾选该复选框，可使绘制的线条更平滑。
- 保护纹理：勾选该复选框，当使用多个画笔时，可模拟一致的画布纹理效果。

图 2-54

图 2-55

[实操 2-3] 制作明信片

[实例资源]\第 2 章\制作明信片.psd

STEP1　执行"文件>新建"命令，新建 148 毫米×100 毫米的空白文件，如图 2-56 所示。

2-4 明信片正面　2-5 明信片背面

STEP2　在工具箱中单击"前景色"按钮，在弹出的"拾色器（前景色）"对话框中设置前景色，如图 2-57 所示。

图 2-56

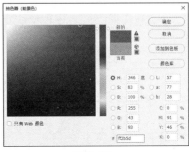

图 2-57

STEP3　新建图层，选择"画笔工具"　随意绘制内容，可按 X 键更换颜色（白色），如图 2-58、图 2-59 所示。

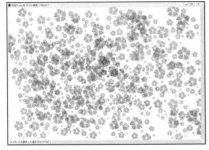

图 2-58

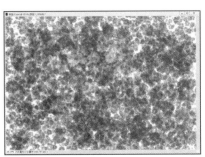

图 2-59

STEP 4 执行"文件>置入嵌入对象"命令，置入素材图像并调整至合适大小，如图 2-60 所示。

STEP 5 按住 Alt 键移动复制素材图像，按 Ctrl+T 组合键开启自由变换，在复制得到的素材图像上单击鼠标右键，在弹出的菜单中执行"水平翻转"命令并旋转该素材图像，如图 2-61 所示。

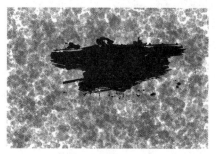

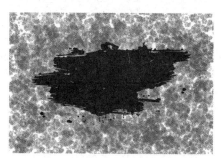

图 2-60 图 2-61

STEP 6 按住 Shift 键加选素材图层，按 Ctrl+J 组合键复制图层，按 Ctrl+E 组合键合并图层，隐藏原素材图层，如图 2-62 所示。

STEP 7 双击合并的图层，在弹出的"图层样式"对话框中勾选"颜色叠加"复选框，在右侧的面板中进行设置，如图 2-63 所示。

图 2-62 图 2-63

STEP 8 勾选"投影"复选框并进行设置，如图 2-64、图 2-65 所示。

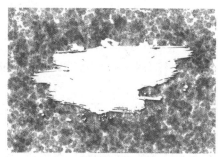

图 2-64 图 2-65

STEP 9 选择"横排文字工具" T ，在指定位置单击并输入文字，在"字符"面板中进行设置，如图 2-66 所示。

STEP 10 将字号更改为"14"点，单击"全部大写字母"按钮 TT ，继续输入两组文字，如图 2-67 所示。

图 2-66

图 2-67

STEP 11 选择两组英文图层，按 Ctrl+T 组合键进行旋转，如图 2-68 所示。

STEP 12 在"图层"面板中选择全部图层，单击面板底部的"创建新组"按钮，双击创建的新组对其重命名，按 Ctrl+J 组合键复制图层组，双击复制得到的图层组对其重命名，单击"指示图层可见性"按钮 👁 隐藏原图层组，如图 2-69 所示。

图 2-68

图 2-69

STEP 13 删除部分图层，如图 2-70 所示。

STEP 14 选择"矩形工具" □ 绘制一个矩形，在属性栏中设置填充为"无"，描边为"白色""160像素"，如图 2-71 所示。

图 2-70

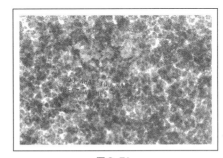

图 2-71

STEP 15 调整图层顺序，按 Ctrl+Alt+G 组合键创建剪贴蒙版，调整不透明度为"80%"，如图 2-72、图 2-73 所示。

图 2-72

图 2-73

STEP 16 按住 Shift 键选择文字图层，按 Ctrl+J 组合键复制该图层，按 Ctrl+E 组合键合并图层，隐藏原文字图层，如图 2-74 所示。

STEP 17 按 Ctrl+J 组合键复制 "图层 1" 图层，调整图层顺序，更改复制得到的图层的不透明度为 "100%"，如图 2-75、图 2-76 所示。

图 2-74

图 2-75

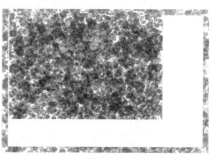

图 2-76

STEP 18 按 Ctrl+Shift+G 组合键创建剪贴蒙版，按 Ctrl+'组合键显示网格，将该剪贴蒙版移动至合适位置，如图 2-77 所示。

STEP 19 选择 "矩形工具" □，按住 Shift 键绘制正方形，在属性栏中设置填充为 "无"，描边为 "黑色" "3 像素"，如图 2-78 所示。

图 2-77

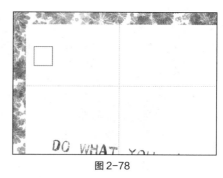

图 2-78

STEP 20 按住 Alt+Shift 组合键水平移动复制，如图 2-79 所示。

STEP 21 选择 "矩形工具" □，按住 Shift 键绘制正方形，在属性栏中设置描边选项，如图 2-80 所示。

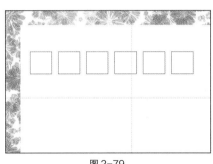

图 2-79

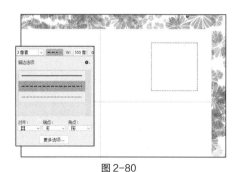

图 2-80

STEP 22 选择"直排文字工具" ，在指定位置单击并输入文字，在"字符"面板中进行设置，如图 2-81、图 2-82 所示。

图 2-81

图 2-82

STEP 23 选择"直线工具" ，按住 Shift 键和鼠标左键，从上向下拖曳以绘制直线，如图 2-83 所示。

STEP 24 按住 Shift 键和鼠标左键，从左向右拖曳以绘制直线，按住 Shift+Alt 组合键复制并移动绘制的直线，框选直线组，单击"垂直居中分布" 按钮，如图 2-84 所示。

图 2-83

图 2-84

STEP 25 选择"横排文字工具" ，单击并输入文字，如图 2-85 所示。

STEP 26 更改字号为"6 号"，输入两组文字，如图 2-86 所示。

STEP 27 选择"直排文字工具" ，单击并输入文字，在"字符"面板中进行设置，如图 2-87、图 2-88 所示。

图 2-85

图 2-86

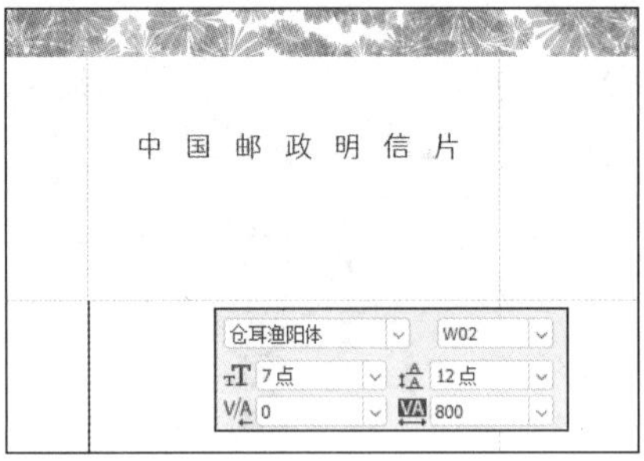

图 2-87

图 2-88

STEP 28 按 Ctrl+'组合键隐藏网格，如图 2-89 所示。

图 2-89

2.4 实战演练——制作个性名片

本实战演练将制作名片，读者应综合运用本章所学知识点，熟练掌握并巩固图形的绘制方法。

1. 实战目标

本实战演练将绘制图形，并使用已有素材制作名片，参考效果如图 2-90、图 2-91 所示。

2-6 名片正面

2-7 名片背面

2. 操作思路

掌握绘图工具的使用方法，下面结合文字工具开始实战演练。

STEP 1 绘制主体 Logo 图形，如图 2-92 所示。

STEP 2 使用"圆角矩形工具" ▢、"椭圆工具" ◯、"直线工具" ╱及"横排文字工具" **T** 绘制名片背面，如图 2-93 所示。然后选择全部图层并创建组。

图 2-90

图 2-91

图 2-92

图 2-93

STEP 3 复制图层组，根据已有素材进行调整组合，如图 2-94 所示。

STEP 4 置入联系素材图标，选择"横排文字工具" **T**，单击并输入文字，如图 2-95 所示。

图 2-94

图 2-95

知识拓展

Q1 使用形状工具绘制图形时，在什么情况下需要新建图层？

A1 使用辅助快捷键绘制图形时，选择任意形状工具绘制图形，若要连续创建第二个图形，则直接绘制图形会自动生成形状图层，如图 2-96 所示。若按住 Shift 键绘制等比例图形，则需要新建图层，否则会在原图形的基础上新建图形，并不会生成新图层，如图 2-97 所示。

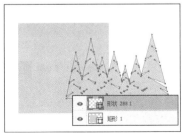

图 2-96

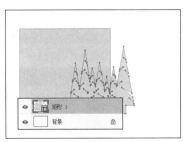

图 2-97

Q2　如何将图像局部定义为画笔？

A2　选择"矩形选框工具" []，框选定义为画笔的图像，执行"编辑>定义画笔预设"命令，在弹出的"画笔名称"对话框中进行设置，单击"确定"按钮，如图 2-98 所示。

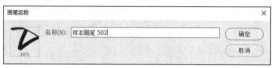

图 2-98

Q3　如何获取更多系统自带的笔刷？

A3　单击"画笔"面板右上角的菜单按钮，在弹出的面板菜单中执行"旧版画笔"命令，如图 2-99 所示。在弹出的提示对话框中单击"确认"按钮，此时该面板中会显示"旧版画笔"工具组，如图 2-100 所示。

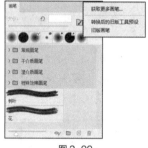

图 2-99

图 2-100

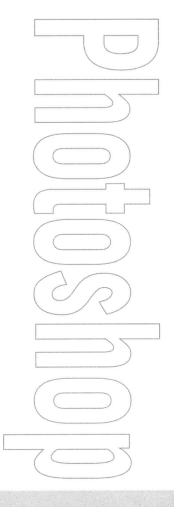

Chapter

3

第 3 章
选区与路径的绘制与设置

本章主要对 Photoshop 中的选区、路径的绘制与设置进行讲解，包括使用选区工具绘制选区，对选区进行选择、变换、修改、扩大选取、选取相似、描边、填充等操作，使用钢笔工具组绘制路径，对路径进行选择、调整、运算、转换、描边、填充等操作。

课堂学习目标

- 掌握选区工具组的使用方法
- 掌握选区的基本操作
- 掌握钢笔工具组的使用方法
- 掌握路径的基本操作

3.1 使用选区工具绘制选区

在使用 Photoshop 处理图像时，经常要对图像中某区域进行单独的处理和操作，这时就需要使用创建选区工具或命令将该区域选择出来。

3.1.1 绘制规则选区

使用选框工具组中的"矩形选框工具" ⬚、"椭圆选框工具" ○、"单行选框工具" ⋯⋯ 及"单列选框工具" ⣿，可以创建规则的图像区域。选择任意工具，显示其属性栏，如图 3-1 所示。

图 3-1

该属性栏中主要选项的功能介绍如下。

- 选区编辑按钮 ⬚⬚⬚⬚：该组按钮又称为布尔运算按钮，各按钮的作用从左至右分别是新建选区、添加到选区、从选区中减去及与选区交叉。
- 羽化：羽化是指通过创建选区边框内外像素的过渡来使选区边缘模糊，羽化值越大，选区的边缘越模糊，选区的直角处也将变得越圆滑。
- 样式：该下拉列表中有"正常""固定比例""固定大小"3 个选项，用于设置选区的形状。
- 选择并遮住：该按钮的作用与执行"选择>选择并遮住"命令相同，在弹出的对话框中可以对选区进行平滑、羽化、对比度等设置。

⊕ 应用秘技

选区编辑按钮功能说明如下。

- 单击"新选区"按钮 ⬚，可以选择新的选区。
- 单击"添加到选区"按钮 ⬚，可以连续选择选区，将新的选择区域添加到原来的选择区域中。
- 单击"从选区减去"按钮 ⬚，可以从原来的选择区域中减去新选择区域。
- 单击"与选区交叉"按钮 ⬚，可以选择新选择区域和原来的选择区域相交的部分。

1. 矩形选框工具

使用"矩形选框工具" ⬚可以在图像或图层中绘制出矩形或正方形选区。选择"矩形选框工具" ⬚，在图像中按住鼠标左键并拖曳，即可绘制出矩形选区，如图 3-2 所示。按住 Shift 键和鼠标左键在图像中拖曳，绘制出的选区即为正方形，如图 3-3 所示。

图 3-2

图 3-3

2. 椭圆选框工具

使用"椭圆选框工具"○可以在图像或图层中绘制出圆形或椭圆形选区。选择"椭圆选框工具"○，在图像中按住鼠标左键并拖曳，即可绘制出椭圆形选区，如图 3-4 所示。按住 Shift 键和鼠标左键在图像中拖曳，绘制出的选区即为圆形，如图 3-5 所示。

图 3-4   图 3-5

3. 单行/单列选框工具

使用"单行选框工具" ▭ 或"单列选框工具" ▯ 可以在图像或图层中绘制出 1 像素高或 1 像素宽的区域，该工具常用来制作网格效果。在工具箱中选择"单行选框工具"或"单列选框工具"，在图像中单击即可绘制出高度或宽度为 1 像素的选区，如图 3-6、图 3-7 所示。

图 3-6   图 3-7

3.1.2 绘制不规则选区

使用套索工具组中的"套索工具" ○、、"多边形套索工具" ▷ 及"磁性套索工具" ▷ 可创建不规则选区。

1. 套索工具

使用"套索工具" ○ 可以创建任意形状的选区，操作时只需在图像编辑窗口中按住鼠标左键并拖曳进行框选，释放鼠标后即可创建选区。操作时按住 Shift 键可增加选区，按住 Alt 键可减去选区，如图 3-8、图 3-9 所示。

图 3-8   图 3-9

2. 多边形套索工具

使用"多边形套索工具" ![icon] 可以创建具有直线轮廓的多边形选区。选择"多边形套索工具" ![icon]，在图像中单击创建选区的起点，沿要创建选区的轨迹依次单击，创建选区的其他端点，最后将鼠标指针移动到起点，当鼠标指针变成 ![icon] 形状时单击，即可创建出需要的选区，如图3-10所示。若鼠标指针不回到起点，可以在任意位置双击，此时会在起点和终点间自动生成一条连线作为多边形选区的最后一条边，如图3-11所示。

图 3-10

图 3-11

3. 磁性套索工具

选择"磁性套索工具" ![icon]，在图像编辑窗口中需要创建选区的位置单击确定选区的起点，沿选区的轨迹拖曳鼠标指针，系统将自动在鼠标指针移动的轨迹上选择对比度较大的边缘产生端点，如图3-12所示。当鼠标指针回到起点变为 ![icon] 形状时单击，即可创建出精确的不规则选区，如图3-13所示。

图 3-12

图 3-13

3.1.3 创建颜色选区

使用"对象选择工具" ![icon]、"快速选择工具" ![icon] 及"魔棒工具" ![icon] 可灵活地选择图像中颜色相同或相近的区域，不必描摹其轮廓。执行"选择＞色彩范围"命令也可快速创建选区。

1. 对象选择工具

使用"对象选择工具" ![icon] 可简化在图像中选择单个对象或对象的某个部分（人物、汽车、家具、宠物、衣服等）的过程。只需在对象周围绘制选区，系统就会自动选择已定义区域内的对象。该工具适用于处理定义明确对象的区域。

选择"对象选择工具" ![icon]，显示其属性栏，如图3-14所示。

图 3-14

该属性栏中主要选项的功能介绍如下。

- 模式：用于选择一种模式并定义对象周围的区域，可选择"矩形"或"套索"模式。
- 自动增强：勾选该复选框，将自动增强选区边缘。
- 减去对象：勾选该复选框，将在定义区域内查找并自动减去对象。
- 选择主体：单击该按钮，图像中最突出的对象将被创建为选区。

2．快速选择工具

使用"快速选择工具" ◉可以通过可调整的圆形笔尖，根据颜色的差异迅速地绘制出选区。选择"快速选择工具" ◉创建选区时，选择范围会随着鼠标指针的移动而自动向外扩展，并自动查找和跟随图像中的边缘，按住 Shift 和 Alt 键可增减选区的大小，如图 3-15、图 3-16 所示。

图 3-15   图 3-16

[实操 3-1] 更换背景图像

[实例资源]\第 3 章\更换背景.psd

STEP 1 将素材文件在 Photoshop 中打开，如图 3-17 所示。

STEP 2 在"图层"面板中单击 🔒 按钮，解锁"图层 0"图层，如图 3-18 所示。

3-1 更换背景
图像

图 3-17   图 3-18

STEP 3 选择"快速选择工具" ◉，在目标位置按住鼠标左键并拖曳创建选区，如图 3-19 所示。

STEP 4 按 Delete 键删除选区，按 Ctrl+D 组合键取消选择选区，如图 3-20 所示。

STEP 5 执行"文件>置入嵌入对象"命令，在弹出的对话框中选择目标图像并将其置入，如图 3-21 所示。

STEP 6 在"图层"面板中调整图层堆叠顺序，如图 3-22 所示。

图 3-19

图 3-20

图 3-21

图 3-22

3. 魔棒工具

使用"魔棒工具" 可以根据颜色的范围来确定选区的大小，并快速选择色彩差异较大的图像区域。选择"魔棒工具" ，会显示其属性栏，在属性栏中设置容差以辅助软件对图像边缘进行区分，一般设置容差值为"30"像素即可。将鼠标指针移动到需要创建选区的图像中，当其变为 形状时单击即可快速创建选区，如图 3-23 所示。按住 Shift 和 Alt 键可增减选区大小，如图 3-24 所示。

图 3-23

图 3-24

4. 色彩范围

"色彩范围"命令可以根据色彩的范围创建选区，主要针对色彩进行操作。执行"选择>色彩范围"命令，打开"色彩范围"对话框，如图 3-25 所示。

该对话框中主要选项的功能介绍如下。

- 选择：在下拉列表框中可选择预设颜色。
- 颜色容差：用于设置选择颜色的范围。数值越大选择颜色的范围就越大，数值越小选择颜色的范围就越小。拖曳下方滚动条上的滑块可快速调整数值。
- 预览区：用于显示预览效果。选中"选择范围"单选按钮，预览区中的白色表示被选择的区域，黑色表示未被选择的区域；选中"图像"单选按钮，预览区内将显示原图像。

- 吸管工具 🖋 🖋 🖋：用于在预览区中编辑取样颜色，🖋 和 🖋 工具分别用于增加和减少选择的颜色范围。

图 3-25

3.2 选区的基本操作

使用选区工具创建选区后，可根据需要对其进行选择、变换、修改、扩大选取、选取相似、描边、填充等操作。

3.2.1 选择选区

选区的选择一般分为全选、反选两种。

1. 全选/取消选择选区

全选选区即选择图像整体，主要有两种方法。

- 执行"选择>全部"命令。
- 按 Ctrl+A 组合键。

取消选择选区有 3 种方法。

- 执行"选择>取消选择"命令。
- 按 Ctrl+D 组合键。
- 选择任意选区创建工具，在"新选区"模式下单击图像中任意位置。

2. 反选选区

反选选区是指快速选择当前选区外的其他图像区域，而当前选区将不再被选择。创建选区后单击鼠标右键，执行"选择>反选"命令或按 Ctrl+Shift+I 组合键，可以选择图像中除选区以外的其他图像区域，如图 3-26、图 3-27 所示。

图 3-26   图 3-27

3.2.2 变换与修改选区

通过变换选区可以改变选区的形状，变换操作包括缩放和旋转等。通过修改选区可以对选区大小进行调整。变换和修改只是对选区的形状和大小进行改变，而不会对选区内的图像进行改变。

1. 变换选区

执行"选择>变换选区"命令，或在选区中单击鼠标右键，在弹出的菜单中执行"变换选区"命令，选区的四周会出现控制框，移动控制框上的控制点即可调整选区形状。默认情况下是自由缩放，按住 Alt 键可从中心等比例缩放。同时也可以对选区进行旋转、斜切等操作，如图 3-28 所示。按住 Ctrl 键可以自由变换选区，如图 3-29 所示。

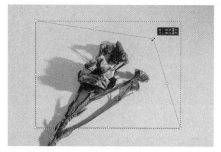 

图 3-28　　　　　　　　　　　　　　　图 3-29

2. 修改选区

创建选区后，还可以对选区的大小进行调整和修改。执行"选择>修改"命令，在弹出的子菜单中执行相应的命令即可实现对应的功能。其子菜单中包括"边界""平滑""扩展""收缩""羽化"5 种命令。

（1）边界

执行"选择>修改>边界"命令创建出的选区带有一定的模糊过渡效果，如图 3-30、图 3-31 所示。

图 3-30　　　　　　　　　　　　　　　图 3-31

（2）平滑

平滑选区是指调节选区的平滑度,清除选区中的杂散像素、平滑尖角和锯齿,如图 3-32、图 3-33所示。

（3）扩展

扩展选区是指按特定数量的像素扩大选择区域。执行"选择>修改>扩展"命令能精确扩展选区的范围，如图 3-34、图 3-35 所示。

图 3-32

图 3-33

图 3-34

图 3-35

（4）收缩

收缩与扩展相反，收缩选区是指按特定数量的像素缩小选择区域。执行"选择＞修改＞收缩"命令可去除一些图像边缘的杂色，让选区变得更精确，但选区的形状不会发生改变，如图 3-36、图 3-37 所示。

图 3-36

图 3-37

（5）羽化

羽化选区是指使选区边缘变得柔和，使选区内的图像与选区外的图像自然地过渡，如图 3-38、图 3-39 所示。羽化常用于图像合成实例中。

图 3-38

图 3-39

> ⊕ 应用秘技
>
> 羽化选区有两种操作方法：一种是创建选区前羽化，即设置"羽化"值后创建选区，这时创建的选区将带有羽化效果；另一种是创建选区后羽化，即创建选区后执行"选择＞修改＞羽化"命令，设置"羽化半径"值来羽化选区。

3.2.3 扩大选取与选取相似

扩大选取基于"魔棒工具" ![魔棒] 属性栏中容差值的范围来决定选区的扩展范围。选择"魔棒工具" ![魔棒]，在图像中选择一部分花瓣的颜色，执行"选择＞扩大选取"命令，或单击鼠标右键，在弹出的菜单中执行"扩大选取"命令，系统会自动查找与选区色调相近的像素，从而扩大选区，如图 3-40、图 3-41 所示。

图 3-40   图 3-41

选取相似与扩大选取类似，也是基于"魔棒工具" ![魔棒] 属性栏中容差值的范围来决定选区的扩展范围的。选择"魔棒工具" ![魔棒]，在图像中选择一部分背景，执行"选择＞选取相似"命令，或单击鼠标右键，在弹出的菜单中执行"选取显示"命令，系统会自动在整张图像中查找与选区色调相近的像素，从而扩大选区，如图 3-42、图 3-43 所示。

图 3-42   图 3-43

3.2.4 描边与填充选区

"描边"命令和"填充"命令类似，执行"描边"命令可以在选区、路径或图层周围创建不同的边框效果。描边选区有 3 种方法。

- 执行"编辑＞描边"命令。
- 建立选区之后，单击鼠标右键，在弹出的菜单中执行"描边"命令。
- 按 Alt+E+S 组合键。

执行以上操作，会弹出"描边"对话框，如图 3-44 所示。

执行"填充"命令可为整个图层或图层中的某个区域进行填充。填

图 3-44

充选区有 4 种方法。

- 执行"编辑>填充"命令。
- 建立选区之后，单击鼠标右键，在弹出的菜单中执行"填充"命令。
- 按 Shift+F5 组合键。
- 建立选区之后，按 Delete 键（只针对"背景"图层）。

执行以上操作，会弹出"填充"对话框，如图 3-45 所示。

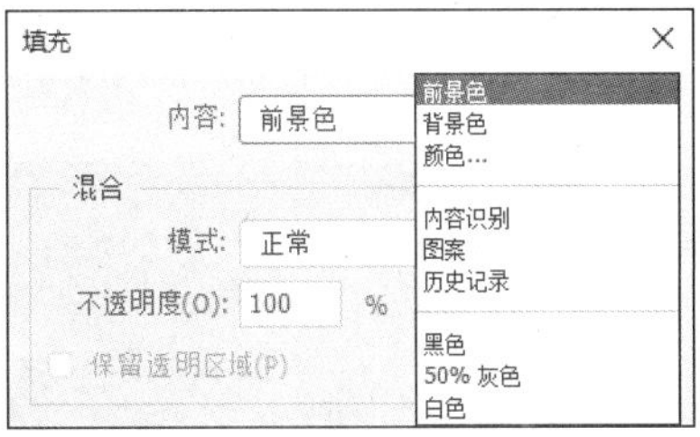

图 3-45

应用秘技

按 Alt+Delete 组合键可快速填充前景色；按 Ctrl+Delete 组合键可快速填充背景色。

3.3　使用钢笔工具组绘制路径

路径由一个或多个直线线段或曲线线段组成，使用钢笔工具组中的工具可以完成路径的绘制与编辑。

3.3.1　绘制直线与曲线

使用"钢笔工具" ✐ 可以绘制任意形状的直线或曲线路径。选择"钢笔工具" ✐，在图像中依次单击产生锚点，即可绘制出任意直线路径，按住 Shift 键单击可绘制水平直线，如图 3-46 所示。在图像上按住鼠标左键并拖曳，即可生成带控制柄的锚点，继续按住鼠标左键并拖曳可创建曲线路径，如图 3-47 所示。

图 3-46

图 3-47

[实操 3-2]　使用钢笔工具抠取图像

📁 [实例资源]\第 3 章\使用钢笔工具抠取图像.psd

STEP 1　将素材文件在 Photoshop 中打开，如图 3-48 所示。

STEP 2　选择"钢笔工具" ✐ 绘制闭合路径，如图 3-49 所示。

3-2 使用钢笔工具抠取图像

图 3-48

图 3-49

STEP 3 按住 Shift 键添加绘制路径，如图 3-50 所示。

STEP 4 按 Ctrl+Enter 组合键创建选区，如图 3-51 所示。

图 3-50

图 3-51

STEP 5 按 Ctrl+J 组合键复制选区，在"图层"面板中隐藏"背景"图层，将抠取出的图像单独显示，如图 3-52、图 3-53 所示。

图 3-52

图 3-53

3.3.2 自由绘制路径

"自由钢笔工具" 类似于"铅笔工具" 、"画笔工具" 等，该工具根据拖曳的轨迹建立路径（手绘路径），而不需要像"钢笔工具" 那样通过建立控制点来绘制路径。选择"自由钢笔工具" ，在图像编辑窗口中按住鼠标左键并拖曳，即可绘制出相对自由路径，如图 3-54、图 3-55 所示。

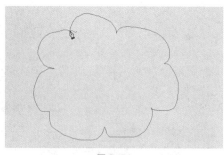
图 3-54

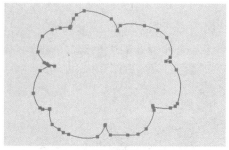
图 3-55

3.3.3 绘制平滑曲线

使用"弯度钢笔工具" 可以轻松绘制平滑曲线和直线段，在设计中创建自定义形状，或定义精确的路径。使用该工具时，无须切换就能创建、切换、编辑、添加或删除平滑点或角点。

选择"弯度钢笔工具" ，单击绘制起点，单击绘制第二个点连接成直线段，如图 3-56 所示，单击绘制第三个点，这 3 个点就会形成一条连接的曲线，将鼠标指针移动到锚点上，当鼠标指针变为 ▶◎ 形状时，可随意移动锚点位置，如图 3-57 所示。

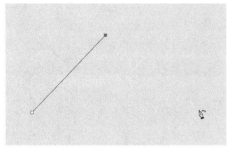

图 3-56

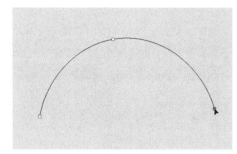

图 3-57

3.4 路径的基本操作

　　路径是指不可打印、不能活动的矢量形状，由锚点和连接锚点的线段或曲线构成，每个锚点包含两个控制柄，用于精确调整锚点及前后线段的曲度，从而匹配想要选择的边界。

3.4.1 路径面板

　　执行"窗口>路径"命令，打开"路径"面板，如图 3-58 所示。在该面板中可进行路径的新建、保存、复制、填充、描边等操作。

　　该面板中主要选项的功能介绍如下。

图 3-58

- 路径缩览图和路径名称：用于显示路径的大致形状和路径名称，双击名称后可为该路径重命名。
- 用前景色填充路径 ●：单击该按钮，可使用前景色填充当前路径。
- 用画笔描边路径 ○：单击该按钮，可用画笔工具和前景色为当前路径描边。
- 将路径作为选区载入 ⬚：单击该按钮，可将当前路径转换为选区，并对选区进行其他编辑操作。
- 从选区生成工作路径 ◇：单击该按钮，可将选区转换为工作路径。
- 添加图层蒙版 ▣：单击该按钮，可为路径添加图层蒙版。
- 创建新路径 ⊞：单击该按钮，可创建新的路径图层。
- 删除当前路径 🗑：单击该按钮，可删除当前路径图层。

3.4.2 选择与调整路径

路径的选择主要涉及两个工具，分别为"路径选择工具" ▶ 与"直接选择工具" ▷。

1. 路径选择工具

　　"路径选择工具" ▶ 用于选择和移动整个路径。选择"路径选择工具" ▶，在图像编辑窗口中单击路径，即可选择该路径。按住鼠标左键并拖曳即可改变所选路径的位置，如图 3-59、图 3-60 所示。

2. 直接选择工具

　　"直接选择工具" ▷ 用于移动路径的部分锚点和线段，或调整路径的方向点和方向线，而其他未选择的锚点或线段则不发生改变。选择"直接选择工具" ▷，在路径上任意位置单击，此时将出现锚点和控制柄，可根据需要对其进行调整编辑，如图 3-61、图 3-62 所示。被选择的锚点显示为实心方形，未被选择的锚点显示为空心方形。

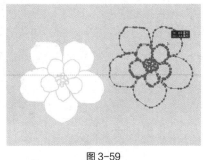

图 3-59

图 3-60

图 3-61

图 3-62

3.4.3 路径的运算

创建多个路径或形状时，可在形状工具的属性栏中选择相应的运算选项进行修改，包括"新建图层" ▢、"合并形状" ▣、"减去顶层形状" ▣、"与形状区域相交" ▣ 及"排除重叠形状" ▣。

- 新建图层：默认路径操作，新建路径生成新图层，如图 3-63、图 3-64 所示。

图 3-63

图 3-64

- 合并形状 ▣：将新区域添加到重叠路径区域，绘制路径形状后，选择该选项可继续绘制，如图 3-65 所示。
- 减去顶层形状 ▣：将新区域从重叠路径区域移去，如图 3-66 所示。
- 与形状区域相交 ▣：将路径限制为新区域和现有区域的交叉区域，如图 3-67 所示。
- 排除重叠形状 ▣：从合并路径中排除重叠区域，如图 3-68 所示。

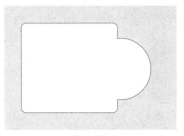

图 3-65

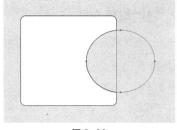

图 3-66

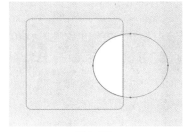

图 3-67

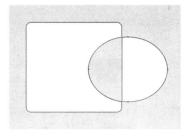

图 3-68

3.4.4　转换路径与选区

将路径转换为选区的常见方法有以下几种。

方法一：选择路径，按 Ctrl+Enter 组合键快速将路径转换为选区。

方法二：选择路径，单击鼠标右键，在弹出的菜单中执行"建立选区"命令，在弹出的"建立选区"对话框中设置羽化半径值，如图 3-69、图 3-70、图 3-71 所示。

图 3-69

图 3-70

图 3-71

方法三：在"路径"面板中单击菜单按钮 ≣，在弹出的面板菜单中执行"建立选区"命令，在弹出的"建立选区"对话框中设置羽化半径值。

方法四：在"路径"面板中按住 Ctrl 键单击路径缩览图，如图 3-72 所示。

方法五：在"路径"面板中单击"将路径作为选区载入" ⋮⋮ 按钮，如图 3-73 所示。

图 3-72

图 3-73

3.4.5 描边与填充路径

绘制路径后，可对其进行描边和填充操作。

1. 描边路径

描边路径是指沿已有的路径为路径边缘添加画笔线条效果，画笔的笔触和颜色可以自定义，可使用"画笔工具" ✎ 、"铅笔工具" ✐ 、"橡皮擦工具" ✐ 、"仿制图章工具" ▲ 和"图案图章工具" ✖▲ 等。创建路径后，可使用以下两种方法对路径进行描边。

- 在路径上单击鼠标右键，在弹出的菜单中执行"描边路径"命令，在弹出的"描边路径"对话框中进行设置。
- 在"路径"面板中，按住 Alt 键单击"用画笔描边路径"按钮 ○ ，在弹出的"描边路径"对话框中进行设置，如图 3-74 所示。直接单击"用画笔描边路径"按钮 ○ ，可使用画笔为当前路径描边。

图 3-74

2. 填充路径

填充路径是指在路径内部填充颜色或图案。创建路径后，可使用以下两种方法对路径进行填充。

- 在路径上单击鼠标右键，在弹出的菜单中执行"填充路径"命令，在弹出的"填充路径"对话框中进行设置。
- 在"路径"面板中，按住 Alt 键单击"用前景色填充路径"按钮 ● ，在弹出的"填充路径"对话框中进行设置，如图 3-75 所示。如果直接单击"用前景色填充路径"按钮 ● ，可使用前景色填充当前路径。

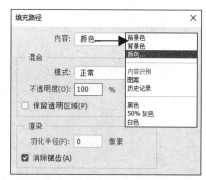

图 3-75

3.5 实战演练——绘制锦鲤图形

本实战演练将绘制锦鲤图形，读者应综合运用本章所学知识点，熟练掌握并巩固选区与路径的绘制方法。

3-3 绘制锦鲤
图形

1. 实战目标

本实战演练将使用路径工具绘制锦鲤图形，参考效果如图 3-76 所示。

图 3-76

2. 操作思路

掌握使用路径工具绘制路径的方法，下面结合路径与选区的转换与填充开始实战演练。

STEP 1 选择"钢笔工具" 绘制锦鲤大体色块，如图 3-77 所示（注意图层顺序）。

STEP 2 选择"钢笔工具" 与"椭圆工具" 绘制细节，如图 3-78 所示。

图 3-77

图 3-78

STEP 3 双击任意图层，添加"描边"图层样式，将图层样式复制并粘贴至所有图层，如图 3-79、图 3-80 所示。

STEP 4 新建图层，选择"铅笔工具" ，在属性栏中选择笔头 ，完善绘制内容，如图 3-81 所示。

图 3-79

图 3-80

图 3-81

知识拓展

Q1 在创建选区时，按住不同的快捷键有什么作用？

A1 创建选区时，按住 Shift 键可以添加选区，按住 Alt 键可以减去选区。选择"移动工具" ⊕ ，按住鼠标左键拖曳即可移动选区，如图 3-82 所示。若拖曳时按住 Ctrl 键则剪贴选区，原选区处显示为背景色，如图 3-83 所示。

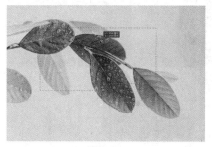 

图 3-82   图 3-83

Q2 在使用"钢笔工具" ⊘ 绘制路径时，按住不同的快捷键有什么作用？

A2 在使用"钢笔工具" ⊘ 绘制路径时，按住 Alt 键可暂时转换为"转换角工具" ⋏ 以调整路径方向，如图 3-84 所示。按住 Ctrl 键可暂时转换为"直接选择工具" ▷ ，此时可以调整锚点位置及控制柄的方向，如图 3-85 所示。

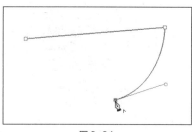 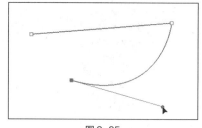

图 3-84   图 3-85

Q3 如何去除抠取的图像边缘处的白边或黑边？

A3 若出现杂边，可执行"图层>修边"命令，在子菜单中执行"移去黑色杂边"或"移去白色杂边"命令。若对修改结果不满意，可执行"图层>修边>去边"命令，在弹出的"去边"对话框中设置宽度，如图 3-86 所示。

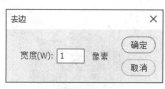

图 3-86

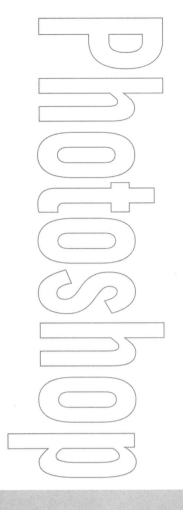

Chapter

4

第 4 章
图层的应用与样式设置

本章主要对 Photoshop 中的图层与图层样式进行讲解，包括认识图层，图层的新建、选择、复制、删除、显示、隐藏、锁定、解锁、合并、盖印、顺序调整、对齐与分布等基本操作，以及图层的不透明度、混合模式和图层样式的调整编辑等。

课堂学习目标

- 了解图层
- 掌握图层的基本操作
- 掌握图层的不透明度和混合模式
- 掌握图层样式与样式的设置

4.1 认识图层

图层是 Photoshop 中非常重要的概念，是平面设计的创作基础。用户可以将不同的图像放在不同的图层上进行独立的操作，这样图像之间互不影响。为了创作出优质的图像作品，读者应熟悉并掌握图层的应用。

1. "图层"面板

"图层"面板是用于创建、编辑、管理图层和图层样式的直观的"控制器"。执行"窗口>图层"命令，打开"图层"面板，如图 4-1 所示。

该面板中主要选项的功能介绍如下。

- 面板菜单 ≡：单击该按钮，可以打开"图层"面板的菜单。
- 图层滤镜：图层滤镜位于"图层"面板的顶部，显示基于名称、效果、模式、属性或颜色标签的图层的子集。使用新的过滤选项可以帮助用户快速地在复杂的文档中找到关键层。
- 图层混合模式：可以在下拉列表中选择图层的混合模式。
- 不透明度：用于设置当前图层的不透明度。

图 4-1

- 图层锁定 锁定: ⊠ ◢ ✛ ⊠ 🔒：用于对图层进行不同的锁定，包括锁定透明像素 ⊠、锁定图像像素 ◢、锁定位置 ✛、防止在画板内外自动嵌套 ⊠ 和锁定全部 🔒。
- 填充：用于在当前图层中调整某个区域的不透明度。
- 图层可见性 👁：用于控制图层显示或者隐藏，不能编辑隐藏状态下的图层。
- 图层缩览图：该图层图像的缩小图，可方便确定调整的图层。
- 图层名称：用于定义图层的名称，若想要更改图层的名称，只需双击要重命名的图层，输入新的名称即可。
- 图层按钮 ⊷ fx, ▣ ◉, ▢ ⊞ 🗑：'图层"面板底端的 7 个按钮分别是链接图层 ⊷、添加图层样式 fx,、添加图层蒙版 ▣、创建新的填充或调整图层 ◉,、创建新组 ▢、创建新图层 ⊞ 和删除图层 🗑，它们是图层操作中常用的按钮。

2. 图层类型

在 Photoshop 中，常见的图层类型包括"背景"图层、普通图层、智能对象图层、形状图层、文字图层、蒙版图层、调整图层、填充图层、图层样式图层、链接图层等。

- "背景"图层：叠放于各图层最下方的一种特殊的不透明图层。它以背景色为底色，可以在"背景"图层中自由涂画和应用滤镜，但不能移动其位置和改变叠放顺序，也不能更改其不透明度和混合模式，使用"橡皮擦工具" ✐ 擦除"背景"图层时会得到背景色。

⊕ 应用秘技

选择"背景"图层，按住 Alt 键并双击，可将"背景"图层转换为普通图层。

- 普通图层：最普通的一种图层，在 Photoshop 中显示为透明，可以根据需要在普通图层上随意添加与编辑图像。

⊕ 应用秘技

选择任意普通图层，执行"图层>新建>背景图层"命令，即可将所选图层转换为"背景"图层。

- 智能对象图层：包含位图或矢量图图像数据的图层，能保留图像的源内容及其所有原始特性，在智能对象图层中可以对图像执行非破坏性编辑。
- 形状图层：使用形状工具组或钢笔工具组可以创建形状图层，形状中会自动填充当前的前景色，也可以很方便地改用其他颜色、渐变或图案进行填充。
- 文字图层：选择文字工具在图像中输入文字时，系统将会自动创建一个文字图层，若执行"文字 > 文字变形"命令，则生成变形文字图层。
- 蒙版图层：蒙版是图像合成的重要手段，蒙版图层中的黑、白、灰区域控制着图层中相应位置图像的透明程度。
- 调整图层：调整图层主要用于存放图像的色调与色彩，以及调节该图层以下的图层中图像的色调、亮度和饱和度等。
- 填充图层：填充内容可为纯色、渐变或图案。
- 图层样式图层：为图层添加图层样式后，该图层右侧会出现样式图标。
- 链接图层：保持链接的多个图层。

4.2　图层的基本操作

在 Photoshop 中，图层的基本操作包括新建、选择、复制/删除、显示/隐藏、锁定/解锁、合并/盖印、调整图层顺序及对齐与分布等。

4.2.1　新建图层与图层组

在当前图像中绘制新的对象时，通常需要新建图层。

新建图层常见的方法有以下 3 种。

- 执行"图层>新建>图层"命令。
- 按 Ctrl+Shift+N 组合键，弹出"新建图层"对话框，如图 4-2 所示。
- 单击"图层"面板底部的"创建新图层"按钮回，可在当前图层上面新建一个透明图层，新建的图层会自动成为当前图层，如图 4-3 所示。

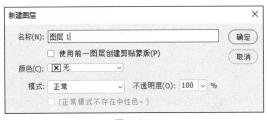

图 4-2

图 4-3

新建图层组常见的方法有以下 3 种。

- 执行"图层>新建>从图层建立组"命令，如图 4-4 所示。
- 执行"图层>新建>组"命令，如图 4-5 所示。
- 单击"图层"面板底部的"创建新组"按钮 ，可在当前图层上面新建图层组。

图 4-4 图 4-5

4.2.2 选择图层

在对图像进行编辑之前，要选择相应图层作为当前工作图层。

在"图像编辑窗口"中选择图层的方法如下。

- 选择"移动工具"，在属性栏中勾选"自动选择"复选框，在下拉列表中选择"图层"选项，单击图像即可选择该图层。
- 按住 Shift 键可以加选图层。
- 在图像上单击鼠标右键，在弹出的菜单中选择相应的图层名称即可选择该图层。

在"图层"面板中选择图层的方法如下。

- 单击第一个图层，然后按住 Shift 键单击最后一个图层，可选择这两个图层及其之间的所有图层，如图 4-6 所示。
- 按住 Ctrl 键单击需要选择的图层，可以选择非连续的多个图层，如图 4-7 所示。

图 4-6 图 4-7

⊕ 应用秘技

在选择多个图层时，按住 Alt 键单击可取消选择图层。

4.2.3 复制与删除图层

复制图层是指在已有图层上方创建图层副本。可以在同一个文档中复制图层，也可以在不同文档中移动复制图层。

1. 复制图层

在同一个文档中复制图层有以下 3 种方法。

- 选择目标图层，按 Ctrl+J 组合键。
- 选择目标图层并将其拖曳至"创建新图层"按钮上，如图 4-8、图 4-9 所示。
- 按住 Alt 键，当鼠标指针变成 形状时，即可移动复制图层。

图 4-8

图 4-9

在不同文档中移动复制图层有以下 3 种方法。

- 在源文档中，选择"选择工具" ⊕ ，将图像拖曳至目标文档中。
- 在源文档中的"图层"面板中，选择图像图层并将其拖曳至目标文档中。
- 在源文档中按 Ctrl+C 组合键复制图层，在目标文档中按 Ctrl+V 组合键粘贴图层。

2．删除图层

对于不需要的图层，可进行删除操作。删除图层主要有以下 3 种方法。

- 选择目标图层，按 Delete 键。
- 选择目标图层并将其拖曳至"删除图层"按钮 🗑 上，或选择目标图层后直接单击"删除图层"按钮 🗑 。
- 选择目标图层，单击鼠标右键，在弹出的菜单中执行"删除图层"命令，弹出提示对话框，单击"是"按钮，如图 4-10所示。

图 4-10

4.2.4　显示与隐藏、锁定与解锁图层

通过显示或隐藏图层，可以隔离或只查看图像的特定部分，以便编辑图像。单击图层左侧的 ⊙ 按钮，该图层便可隐藏，按钮变为 ▢ 状态，如图 4-11、图 4-12 所示。再次单击该按钮即可显示图层。

图 4-11

图 4-12

"图层"面板中常用锁定按钮的功能介绍如下。

- 锁定透明像素 ▨ ：单击该按钮，可将编辑范围限制在图层的不透明区域，透明区域则受到保护。
- 锁定图像像素 ✎ ：单击该按钮，只能对图层进行移动或变换操作，不允许进行涂抹、擦除及应用滤镜等操作。
- 锁定位置 ⊕ ：单击该按钮，该图层不能移动。
- 锁定全部 🔒 ：单击该按钮，该图层不能进行任何操作。

4.2.5　合并与盖印图层

有时为了减少图层的数量以便操作，会对几个图层进行合并编辑。

1. 合并图层

当需要合并两个或多个图层时，有以下3种方法。

- 执行"图层>合并图层"命令。
- 在"图层"面板中选择要合并的图层，单击鼠标右键，在弹出的菜单中执行"合并图层"命令。
- 按 Ctrl+E 组合键。

2. 合并可见图层

合并可见图层就是将图层中可见的图层合并到一个图层中，隐藏的图层则不受影响。合并可见图层有以下3种方法。

- 执行"图层>合并可见图层"命令。
- 在"图层"面板中单击鼠标右键，在弹出的菜单中执行"合并可见图层"命令。
- 按 Ctrl+Shift+E 组合键。

3. 拼合图像

拼合图像就是将所有可见图层合并，并丢弃隐藏的图层。执行"图层>拼合图像"命令，Photoshop 会将所有显示的图层合并到"背景"图层中。若有隐藏的图层，在拼合图像时会弹出提示对话框，询问是否要扔掉隐藏的图层，单击"确定"按钮即可拼合图像。

4. 盖印图层

盖印图层是一种合并图层的特殊方法，能够将多个图层的内容合并到一个新的图层中，同时保持原始图层的内容不变。按 Ctrl+Alt+Shift+E 组合键即可盖印图层。

4.2.6　调整图层的顺序

图层的顺序影响着图像最终的呈现效果。图层顺序的调整主要有两种方法：一是在"图层"面板中直接拖曳进行调整，二是使用"排列"命令进行调整。

选择目标图层，执行"图层>排列"命令，在弹出的子菜单中执行相应的命令，即可调整图层的顺序，如图 4-13 所示。

该子菜单中主要命令的功能介绍如下。

图 4-13

- 置为顶层：用于将所选图层调整至最顶层。
- 前移一层/后移一层：用于将所选图层向上或向下移动一个图层。
- 置为底层：用于将所选图层调整至最底层。
- 反向：用于反向多个图层的排列顺序。

4.2.7　对齐与分布图层

在编辑图像的过程中，常常需要对多个图层进行对齐或分布排列。对齐图层是指将两个或两个以上的图层按一定规律进行对齐排列，以当前图层或选区为基础，在相应方向上对齐。执行"图层>对齐"命令，在弹出的子菜单中执行相应的命令即可，如图 4-14 所示。

分布图层是指将3个以上的图层按一定规律在图像编辑窗口中进行分布排列。选择多个图层，执行"图层>分布"命令，在弹出的子菜单中执行相应的命令即可，如图 4-15 所示。

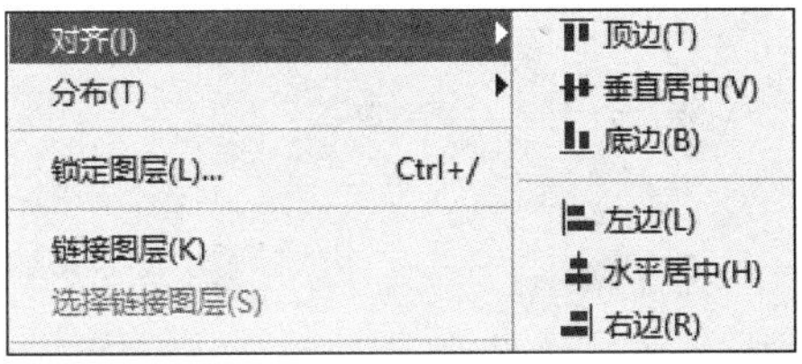

图 4-14

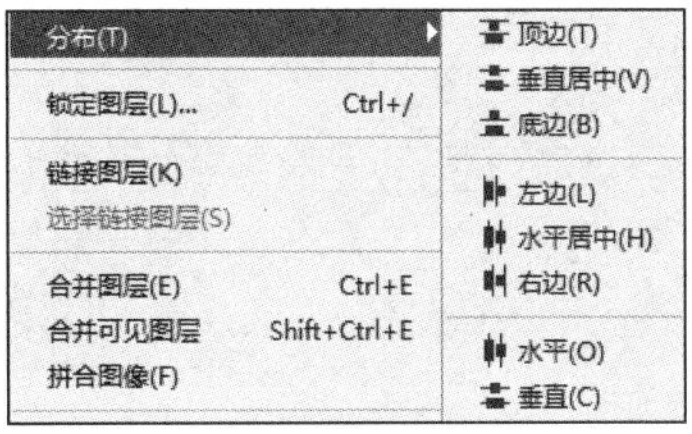

图 4-15

应用秘技

选择“移动工具”，其属性栏中提供了一组对齐按钮和一组分布按钮，选择需要调整的图层后即可激活这些按钮，单击相应的按钮即可快速对图像进行对齐和分布操作。

[实操 4-1] 制作壁纸

4-1 制作壁纸

[实例资源]\第 4 章\壁纸.psd

STEP 1 将素材文件在 Photoshop 中打开，如图 4-16 所示。

STEP 2 依次选择素材图像并置入，如图 4-17、图 4-18 所示。

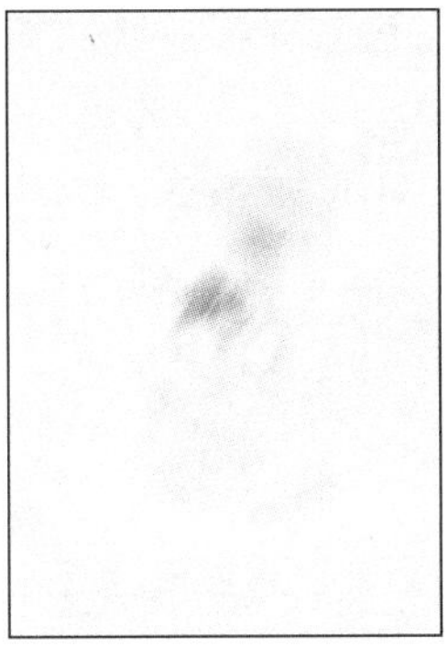

图 4-16

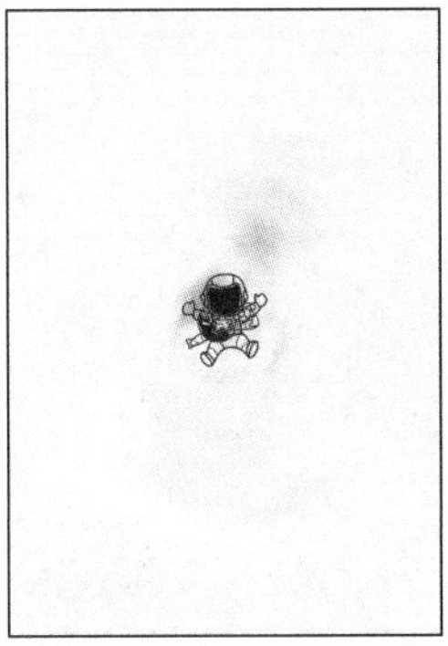

图 4-17

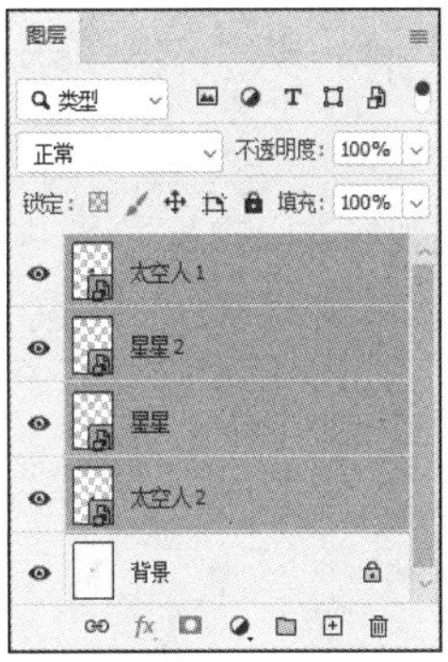

图 4-18

STEP 3 调整图像位置，按住 Alt 键移动复制“太空人 1”图层，如图 4-19 所示。

STEP 4 框选全部素材图像，在属性栏中单击“对齐与分布”按钮，在打开的面板中单击“垂直居中对齐”按钮与“水平居中分布”按钮，如图 4-20 所示。

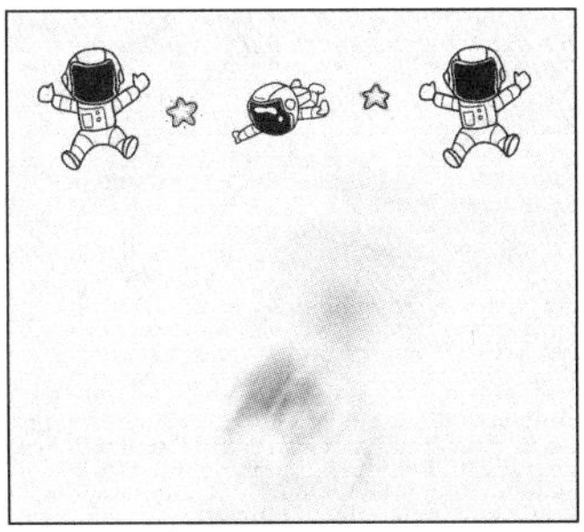

图 4-19

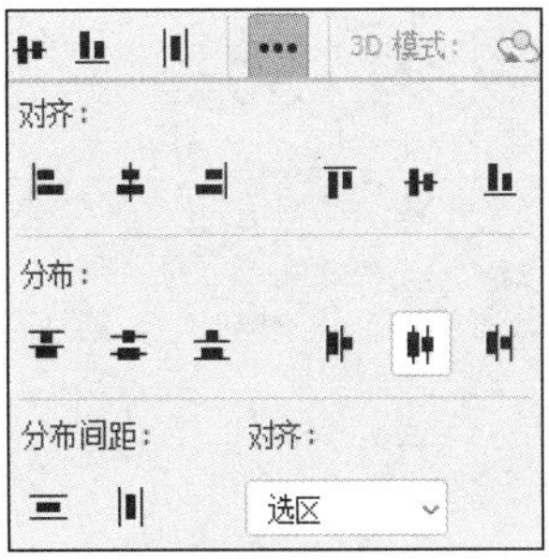

图 4-20

STEP 5 按 Ctrl+'组合键显示网格，框选全部素材图像，按 Ctrl+T 组合键调整其位置，使其水平居中垂直对齐，如图 4-21 所示。

STEP 6 借助智能参考线，按住 Alt 键移动复制图像，如图 4-22 所示。

图 4-21

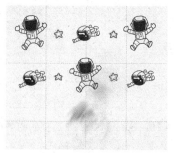

图 4-22

STEP 7 框选左下角的素材图像，按 Ctrl+T 组合键启用自由变换，调整素材图像的旋转角度，如图 4-23 所示。

STEP 8 框选第二排的素材图像，在属性栏中单击"垂直居中对齐"按钮，如图 4-24 所示。

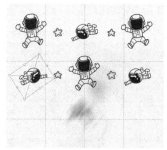

图 4-23

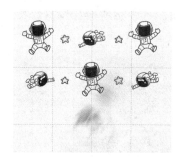

图 4-24

STEP 9 框选全部素材图像，按住 Alt 键移动复制图像，每排图像间距 5.88 厘米，如图 4-25 所示。

STEP 10 框选全部素材图像，按 Ctrl+T 组合键启用自由变换，使其水平垂直居中对齐，并调整旋转角度，如图 4-26 所示。

STEP 11 调整不透明度为"60%"，按 Ctrl+'组合键隐藏网格，如图 4-27 所示。

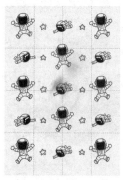

图 4-25

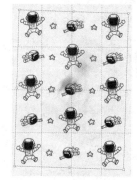

图 4-26

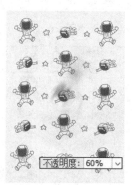

图 4-27

4.3 图层的不透明度与混合模式

图层的混合操作包括不透明度和混合模式的设置。"图层"面板中的"不透明度"和"填充"两个选项都可用于设置图层的不透明度。改变当前图层的混合模式后，图层会与下一图层的像素进行混合，从而得到多种特殊的效果。

4.3.1 图层的不透明度

"不透明度"选项控制着整个图层的不透明程度，包括图层中的形状、像素及图层样式的不透明程度。在默认状态下，图层的不透明度为"100%"，即完全不透明。调整图层的不透明度后，可以透过该图层看到下面图层的图像，如图 4-28、图 4-29 所示。

图 4-28 　　　　　　　　　　　　　　　　　图 4-29

"填充"选项只用于设置图层的内部填充颜色，对添加到图层的外部效果（如投影）不起作用，如图 4-30、图 4-31 所示。

图 4-30 　　　　　　　　　　　　　　　　　图 4-31

4.3.2 图层的混合模式

在"图层"面板中，选择不同的混合模式将会得到不同的效果。

- 正常：此模式为默认的混合模式，使用此模式时，图层之间不会相互发生作用。
- 溶解：在图层完全不透明的情况下，"溶解"模式与"正常"模式的效果是相同的，若降低图层的不透明度，则会得到颗粒化效果。
- 变暗：查看每个通道中的颜色信息，选择基色或混合色中较暗的颜色作为结果色，并替换比混合色亮的像素，使比混合色暗的像素保持不变。
- 正片叠底：添加阴影和细节，而不会完全消除下方图层的阴影区域的颜色，任何颜色与黑色混合仍为黑色，与白色混合则没有变化。

- 颜色加深：查看每个通道中的颜色信息，并通过增加混合色与基色的对比度使基色变暗以反映出混合色，与白色混合后不发生变化。
- 线性加深：查看每个通道中的颜色信息，并通过降低亮度使基色变暗以反映出混合色，与白色混合后不发生变化。
- 深色：比较混合色和基色的所有通道值的总和，然后显示值较小的颜色。
- 变亮：查看每个通道中的颜色信息，并选择基色或混合色中较亮的颜色作为结果色，比混合色暗的像素将被替换，比混合色亮的像素则保持不变。
- 滤色：查看每个通道的颜色信息，并对混合色的互补色与基色进行正片叠底，结果色总是较亮的颜色，用黑色过滤时颜色保持不变，用白色过滤时将产生白色。
- 颜色减淡：查看每个通道中的颜色信息，并通过减小混合色与基色的对比度使基色变亮以反映出混合色，与黑色混合则不发生变化。
- 线性减淡（添加）：查看每个通道中的颜色信息，并通过增加亮度使基色变亮以反映出混合色，与黑色混合则不发生变化。
- 浅色：比较混合色和基色的所有通道值的总和，然后显示数值较大的颜色。
- 叠加：对各图层颜色进行叠加，保留底色的高光和阴影部分，底色不被取代，而是和上方的图层混合来体现原图的亮度和暗部。
- 柔光：使颜色变暗或变亮，具体取决于混合色，如果混合色比 50%灰色亮则图像变亮，如果混合色比 50%灰色暗则图像变暗。
- 强光：对颜色进行过滤，具体取决于混合色，如果混合色比 50%灰色亮则图像变亮，这对于向图像添加高光非常有用，如果混合色比 50%灰色暗则图像变暗。
- 亮光：通过增加或减小对比度来加深或减淡颜色，具体取决于混合色，如果混合色比 50%灰色亮则通过减小对比度使图像变亮，如果混合色比 50%灰色暗则通过增加对比度使图像变暗。
- 线性光：通过减小或增加亮度来加深或减淡颜色，具体取决于混合色，如果混合色比 50%灰色亮则通过增加亮度使图像变亮，如果混合色比 50%灰色暗则通过减小亮度使图像变暗。
- 点光：根据混合色替换颜色，如果混合色比 50%灰色亮则替换比混合色暗的像素，而不改变比混合色亮的像素，如果混合色比 50%灰色暗则替换比混合色亮的像素，而比混合色暗的像素则保持不变。
- 实色混合：将混合颜色的红色、绿色和蓝色通道值添加到基色的 RGB 值中。
- 差值：查看每个通道中的颜色信息，并从基色中减去混合色，或从混合色中减去基色，具体取决于哪一个颜色的亮度值更大，与白色混合将反转基色值，与黑色混合则不发生变化。
- 排除：创建一种与"差值"模式相似但对比度更低的效果，与白色混合将反转基色值，与黑色混合则不发生变化。
- 减去：查看每个通道中的颜色信息，并从基色中减去混合色，在 8 位和 16 位图像中，任何生成的负片值都会剪切为零。
- 划分：查看每个通道中的颜色信息，并从基色中划分混合色。
- 色相：用基色的明亮度和饱和度及混合色的色相创建结果色。
- 饱和度：用基色的明亮度和色相及混合色的饱和度创建结果色，在无饱和度（灰度）区域用此模式绘画不会发生任何变化。
- 颜色：用基色的明亮度及混合色的色相和饱和度创建结果色，可以保留图像中的灰阶，并且对于给单色图像上色和给彩色图像着色都会非常有用。
- 明度：用基色的色相和饱和度及混合色的明亮度创建结果色，此模式会创建与"颜色"模式相反的效果。

4.4　图层样式

图层样式是 Photoshop 中一个重要的功能。利用图层样式功能，可以简单快捷地为图像添加"投影""内阴影""内发光""外发光""斜面和浮雕""光泽""渐变叠加"等效果。

4.4.1　添加图层样式

添加图层样式主要有以下 3 种方法。

- 执行"图层>图层样式"命令，在弹出的子菜单中执行相应的命令即可，如图 4-32 所示。
- 单击"图层"面板底部的"添加图层样式"按钮，在弹出的下拉列表中选择任意一种样式，如图 4-33 所示。
- 双击需要添加图层样式的图层缩览图或图层，在弹出的"图层样式"对话框中添加图层样式。

图 4-32

图 4-33

4.4.2　图层样式详解

"图层样式"对话框中各主要选项的含义介绍如下。

1. 混合选项

"混合选项"分为"常规混合""高级混合""混合颜色带"3 个选项组，如图 4-34 所示。其中"高级混合"选项组中各选项的功能介绍如下。

- 将内部效果混合成组：勾选该复选框，可控制"内发光""光泽""颜色叠加""图案叠加""渐变叠加"图层样式的挖空效果。

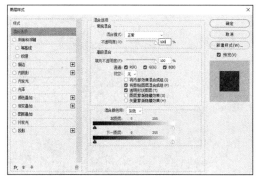

图 4-34

- 将剪贴图层混合成组：勾选该复选框，将只对裁切组图层设置挖空效果。
- 透明形状图层：当添加图层样式的图层中有透明区域时，若勾选该复选框，则透明区域相当于蒙版，生成的效果若延伸到透明区域将被遮盖。
- 图层蒙版隐藏效果：当添加图层样式的图层中有图层蒙版时，若勾选该复选框，则生成的效果若延伸到蒙版区域将被遮盖。
- 矢量蒙版隐藏效果：当添加图层样式的图层中有矢量蒙版时，若勾选该复选框，则生成的效果若延伸到矢量蒙版区域将被遮盖。

2. 斜面和浮雕

在图层中使用"斜面和浮雕"图层样式，可以添加不同组合方式的浮雕效果，从而增强图像的立体感。

- 斜面和浮雕：勾选该复选框，可以增加图像边缘的明暗度，并增加投影，使图像产生不同的立体感，常用选项如图 4-35 所示。
- 等高线：勾选该复选框，可以为浮雕创建凹凸起伏的效果，常用选项如图 4-36 所示。
- 纹理：勾选该复选框，可以在浮雕中创建不同的纹理效果，常用选项如图 4-37 所示。

图 4-36

图 4-35

图 4-37

3. 描边

使用"描边"图层样式可用颜色、渐变及图案来描绘图像的轮廓边缘，常用选项如图 4-38 所示。

4. 内阴影

使用"内阴影"图层样式可在紧靠图层内容的边缘向内添加阴影，使图层呈现出凹陷效果，常用选项如图 4-39 所示。

图 4-38

图 4-39

5. 内发光

使用"内发光"图层样式可沿图层内容的边缘向内创建发光效果，使对象出现些许凸起感，常用选项如图 4-40 所示。

6. 光泽

使用"光泽"图层样式可为图像添加光滑的具有光泽的内部阴影，通常用来制作具有光泽质感的按钮和金属，常用选项如图 4-41 所示。

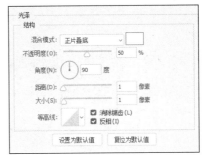

图 4-40   图 4-41

7. 颜色叠加

使用"颜色叠加"图层样式可在图像上叠加指定的颜色，并通过对混合模式的修改来调整图像与颜色的混合效果，常用选项如图 4-42 所示。

8. 渐变叠加

使用"渐变叠加"图层样式可在图像上叠加指定的渐变色，不仅能制作出带有多种颜色的对象，还能通过巧妙的渐变颜色制作出凸起、凹陷等三维效果及带有反光质感的效果，常用选项如图 4-43 所示。

图 4-42   图 4-43

9. 图案叠加

使用"图案叠加"图层样式可在图像上叠加图案。该图层样式与"颜色叠加"和"渐变叠加"图层样式相同，可以通过对混合模式的设置使叠加的"图案"与原图进行混合，常用选项如图 4-44 所示。

10. 外发光

使用"外发光"图层样式可沿图层内容的边缘向外创建发光效果，主要用于制作自发光效果及人像或其他对象梦幻般的光晕效果，常用选项如图 4-45 所示。

图 4-44

图 4-45

11. 投影

使用"投影"图层样式能为图层模拟出向后的投影效果，增强某部分的层次感及立体感，常用于凸显文字，常用选项如图 4-46 所示。

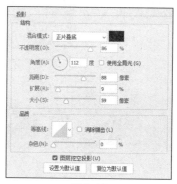

图 4-46

[实操 4-2] 制作创意镂空图像效果

[实例资源]\第 4 章\制作创意镂空图像效果.psd

STEP 1 将素材文件在 Photoshop 中打开，如图 4-47 所示。

STEP 2 选择"矩形工具" □，按住鼠标左键拖曳绘制矩形，如图 4-48 所示。

4-2 制作创意镂空图像效果

图 4-47

图 4-48

STEP 3 在"图层"面板中双击矩形图层，在弹出的"图层样式"对话框中设置"高级混合""描边""投影"图层样式，如图 4-49、图 4-50、图 4-51 所示。

图 4-49

图 4-50

图 4-51

STEP 4 应用图层样式效果，如图 4-52 所示。

STEP 5 按住 Alt 键移动复制矩形，如图 4-53 所示。

图 4-52

图 4-53

STEP 6 按 Ctrl+'组合键显示网格，框选全部矩形，按 Ctrl+T 组合键调整它们的位置，使其水平垂直居中对齐，如图 4-54 所示。

STEP 7 按 Enter 键完成调整，按 Ctrl+'组合键隐藏网格，如图 4-55 所示。

图 4-54

图 4-55

STEP 8 按 Ctrl+J 组合键复制"背景"图层，如图 4-56 所示。

STEP 9 选择复制的"背景拷贝"图层，执行"滤镜>模糊>动感模糊"命令，在弹出的对话框中进行设置，如图 4-57、图 4-58 所示。

STEP 10 选择任意一个矩形，按 Ctrl+T 组合键启用自由变换，按住 Shift 键调整其高度，如图 4-59 所示。

STEP 11 使用相同的方法，对剩下的矩形进行调整，如图 4-60 所示。

图 4-56

图 4-57　　　　　　　　　　　　图 4-58

图 4-59

图 4-60

4.4.3　样式面板

在 Photoshop 中，可以将创建好的样式存储为独立的文件，以便后续使用。执行"窗口>样式"命令，打开"样式"面板。单击菜单按钮 ☰，在弹出的面板菜单中执行"旧版样式及其他"命令，载入旧版样式，如图 4-61、图 4-62 所示。

图 4-61

图 4-62

🔍 **应用秘技**

滤镜可以为图像添加特效，Photoshop 中所有的滤镜都在"滤镜"菜单中，详情可见第 9 章。

4.5　实战演练——制作幻影海报

本实战演练将制作幻影海报，读者应综合运用本章所学知识点，熟练掌握并巩固图层、图层混合模式及图层样式的设置与应用方法。

4-3　制作幻影
海报

1. 实战目标

本实战演练将应用图层样式与图层混合模式制作海报，参考效果如图 4-63 所示。

2. 操作思路

掌握图层的使用方法，下面结合矩形工具、图层混合模式及图层样式开始实战演练。

STEP 1 打开素材文件，复制图层，设置"图层样式"对话框中的"高级混合"来制作混合效果，如图 4-64 所示。

STEP 2 盖印图层并调整位置，应用"风"滤镜，如图 4-65 所示。

STEP 3 绘制竖向矩形，吸取红色填充，设置图层混合模式为"差值"，不透明度为"50%"；绘制横向矩形，吸取蓝色填充，设置图层混合模式为"叠加"，如图 4-66 所示。

STEP 4 选择"横排文字工具" **T**，在指定位置单击并输入文字，如图 4-67 所示。

图 4-63

图 4-64

图 4-65

图 4-66

图 4-67

知识拓展

Q1　如何更改图层的显示比例？

A1　默认的图层缩览图是按照实际比例显示的，很难看清图层细节，如图 4-68 所示。用鼠标右键单击图层缩览图，在弹出的菜单中执行"将缩览图剪切到图层边界"命令，即可更改缩览图的显示比例，如图 4-69 所示。

图 4-68

图 4-69

Q2　如何快速更改图层的不透明度？

A2　选择图层后，可在键盘上直接按数字键设置图层的不透明度。按 5 为 50%，按 0 为 100%，连续按 8 和 6 为 86%，连续按 0 和 6 则为 6%。

Q3　如何设置等高线？

A3　在创建自定义图层样式时，可以使用等高线来控制"投影""内阴影""内发光""外发光""斜面和浮雕""光泽"效果在指定范围内的形状。单击等高线样式选项，可在弹出的"等高线编辑器"对话框中调整曲线效果；单击"等高线"下拉按钮，可在弹出的下拉列表中选择等高线预设，如图 4-70、图 4-71 所示。

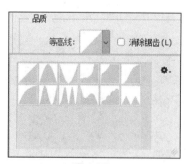

图 4-70

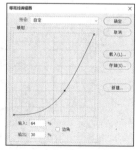

图 4-71

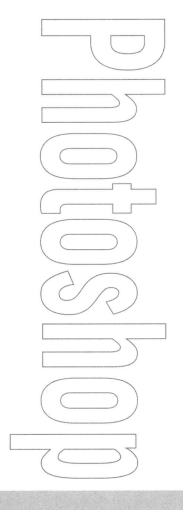

5

第 5 章
添加文字不可缺

本章主要对 Photoshop 中文字的创建与设置进行讲解，包括使用文字工具创建点文字、段落文字、文字选区、路径文字及变形文字，通过"字符"面板与"段落"面板对文字进行设置等。

课堂学习目标

- 掌握文本的创建
- 掌握段落文本的创建
- 掌握路径文字以及变形文字的创建
- 掌握文本的设置与转换

5.1 创建文字

在 Photoshop 中可使用文字工具创建文字，若字数较多，可创建段落文字，也可根据需要创建路径文字与变形文字。

5.1.1 认识文字工具

"横排文字工具" T 是最基本的文字工具，用于一般横排文字的处理，输入方式为从左至右；"直排文字工具" ⁣T 用于直排文字的处理，输入方式为由上至下。选择一种文字工具，会显示其属性栏，如图 5-1 所示。

图 5-1

该属性栏中主要选项的功能介绍如下。

- 切换文本取向 ⟲：单击该按钮，可实现横排文字和直排文字之间的转换。
- 字体：用于设置文字字体。
- 字体样式 Regular ⌄：用于设置文字加粗、斜体等样式。
- 字体大小 ⁣T 12.43 点 ⌄：用于设置文字的字体大小，默认单位为点。
- 消除锯齿的方法 ᵃa 锐利 ⌄：用于设置消除文字锯齿的方法。
- 对齐按钮 ☰ ☰ ☰：用于设置文字的对齐方式，从左到右依次为"左对齐""居中对齐""右对齐"。
- 文字颜色色块：单击色块，将弹出"拾色器（文本颜色）"对话框，在其中可以设置文字颜色。
- 创建文字变形 ⫦：单击该按钮，将弹出"变形文字"对话框，在其中可设置文字变形样式。
- 切换字符和段落面板 ▤：单击该按钮，将快速打开"字符"面板和"段落"面板。

5.1.2 创建点文字

点文字是一个水平或垂直的文字行，从图像中单击的位置开始。当输入点文字时，每行文字都是独立的，行的长度随着编辑内容增加或缩短，但不会换行，输入的文字即出现在新的文字图层中。

选择"横排文字工具" T，在属性栏中进行设置，可在图像中从左到右输入水平方向的文字，如图 5-2 所示。选择"直排文字工具" ⁣T 可输入垂直方向的文字，如图 5-3 所示。

图 5-2

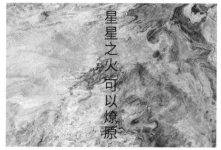

图 5-3

应用秘技

结束文字的输入主要有以下 4 种方法。

- 按 Ctrl+Enter 组合键。
- 在小键盘（数字键盘）上按 Enter 键。
- 单击属性栏中的"提交当前编辑"按钮 ✓ 。
- 单击工具箱中的任意工具。

5.1.3　创建段落文字

若需要输入的文字内容较多，可通过创建段落文字的方式来进行文字的输入，以便对文字进行管理并对格式进行设置。

选择"横排文字工具" T ，将鼠标指针移动到"图像编辑窗口"中，当鼠标指针变成插入符号时，按住鼠标左键并拖曳即可创建文本框，如图 5-4 所示。插入点会自动插入文本框前端，在文本框中输入文字，当文字到达文本框的边界时会自动换行，如图 5-5 所示。调整文本框四周的控制点，可以调整文本框的大小。

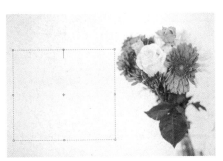
图 5-4

图 5-5

5.1.4　创建文字选区

使用"直排文字蒙版工具" 可创建出竖排的文字选区。使用该工具时，图像上会出现一层红色蒙版，如图 5-6 所示。单击属性栏中的"提交当前编辑"按钮 ✓ ，完成文字选区的创建。此时可以对文字选区进行填充、描边、移动及复制等操作，如图 5-7 所示。使用"横排文字蒙版工具" 可创建出横排文字选区。

图 5-6

图 5-7

应用秘技

在使用文字蒙版输入文字时，若要移动其位置，可将鼠标指针移动至文本框外，当鼠标指针变为移动状态时，按住鼠标左键并拖曳即可移动文字蒙版。按住 Ctrl 键，文字蒙版四周会出现定界框，拖曳定界框同样可以移动文字蒙版，拖曳文字蒙版四周的定界框可实现自由变换。

5.1.5 创建路径文字

选择"钢笔工具" ✐，在属性栏中选择"路径"模式，在图像中绘制路径。选择"横排文字工具" **T**，将鼠标指针移至路径上方，当鼠标指针变为 Ɪ 形状时，在路径上单击，此时鼠标指针会自动吸附到路径上，从而可以输入文字。按 Ctrl+Enter 组合键确认，即可得到文字按照路径走向排列的效果，如图 5-8、图 5-9 所示。

图 5-8

图 5-9

⊕ 🔍 **[实操 5-1] 制作圆形印章**

5-1 制作圆形 印章

🖨 [实例资源]\第 5 章\制作圆形印章.psd

STEP 1 新建 20 厘米×20 厘米的文档，按 Ctrl+' 组合键显示网格，如图 5-10 所示。

STEP 2 选择"椭圆工具" ○，按住 Alt+Shift 组合键从中心向外绘制圆形，在属性栏中设置填充为"无"，描边为"0 红色""25 像素"，如图 5-11 所示。

STEP 3 使用相同的方法绘制两个圆形，分别更改描边为"10 像素""20 像素"，并使其水平垂直居中对齐，如图 5-12 所示。

图 5-10

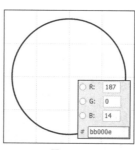

图 5-11

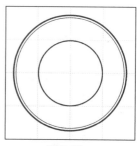

图 5-12

STEP 4 选择"矩形工具" □ 绘制矩形，在属性栏中设置填充为"红色"，如图 5-13 所示。

STEP 5 双击形状图层，在弹出的"图层样式"对话框中设置描边，如图 5-14、图 5-15 所示。

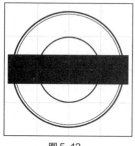

图 5-13

图 5-14

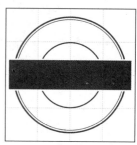

图 5-15

STEP⟋6⟍ 选择"矩形工具" □ 绘制矩形，在属性栏中设置填充为"无"，描边为"白色""10 像素"，如图 5-16 所示。

STEP⟋7⟍ 选择"横排文字工具" T 输入文字，在"属性"面板中进行设置，如图 5-17 所示。框选文字和矩形，单击"属性"面板中的"水平居中对齐" ⯗ 按钮，如图 5-18 所示。

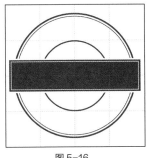

图 5-16　　　　　　　　　　图 5-17　　　　　　　　　　图 5-18

STEP⟋8⟍ 选择"椭圆工具" ○ ，在属性栏中选择"路径"模式，按住 Alt+Shift 组合键从中心向外绘制圆形，如图 5-19 所示。

STEP⟋9⟍ 选择"横排文字工具" T ，在"属性"面板中设置颜色为"红色"，字号为"36 号"，单击下方锚点并输入文字，如图 5-20 所示。

STEP⟋10⟍ 选择"直接选择工具" ▷ ，沿曲线拖曳文本，如图 5-21 所示。

图 5-19　　　　　　　　　　图 5-20　　　　　　　　　　图 5-21

STEP⟋11⟍ 使用相同的方法制作路径文字并更改其显示位置与大小，如图 5-22、图 5-23 所示。

STEP⟋12⟍ 框选全部图层，按 Ctrl+T 组合键启用自由变换，按住 Shift 键旋转 15°，按 Ctrl+'组合键隐藏网格，如图 5-24 所示。

图 5-22　　　　　　　　　　图 5-23　　　　　　　　　　图 5-24

5.1.6　制作变形文字

变形文字是指对文字的水平形状和垂直形状做出调整，让文字效果更多样化。输入文字后，执行"文字>文字变形"命令或单击属性栏中的"创建文字变形"按钮 ，在弹出的"变形文字"对话框中有 15 种文字变形样式，使用这些样式可以创建多种艺术字体，如图 5-25 所示。

图 5-25

该对话框中主要选项的功能介绍如下。

- 样式：决定文本最终的变形效果。该下拉列表中包含各种变形的样式，分别为"扇形""下弧""上弧""拱形""凸起""贝壳""花冠""旗帜""波浪""鱼形""增加""鱼眼""膨胀""挤压""扭转"。选择不同的选项，文字的变形效果也各不相同。
- 水平/垂直：决定文字的变形是在水平方向还是在垂直方向上进行。
- 弯曲：用于设置文字的弯曲方向和弯曲程度（为 0 时无任何弯曲效果）。
- 水平扭曲：对文字应用透视变形，决定文字在水平方向上的扭曲程度。
- 垂直扭曲：对文字应用透视变形，决定文字在垂直方向上的扭曲程度。

（+）应用秘技

变形文字只针对整个文字图层而不能单独针对某些文字。如果要制作多种文字变形混合的效果，可以通过将文字输入不同的文字图层，然后分别设置变形的方法来实现。

5.2　设置文字

在 Photoshop 中，无论是点文字还是段落文字，都可以根据需要设置字体的类型、大小、字距、基线移动及颜色等。

5.2.1　设置字符样式

执行"窗口>字符"命令，或者在属性栏中单击"切换字符和段落面板"按钮 ，打开"字符"面板，如图 5-26 所示。该面板中除了常见的字体系列、字体样式、字体大小、文字颜色和消除锯齿等设置外，还包括行间距、字距等常见设置。

该面板中主要选项的功能介绍如下。

- 字体大小 T：在该下拉列表中选择预设数值，或者输入自定义数值即可更改字体大小。
- 设置行距 ：用于设置输入文字行与行之间的距离。

- 字距微调  ：用于设置两个字符之间的距离，在设置时将鼠标指针插入两个字符之间，在数值框中输入所需的字距微调数量，输入正值时字距扩大，输入负值时字距缩小。
- 字距调整 ：用于设置文字的字符间距，输入正值时字距扩大，输入负值时字距缩小。
- 比例间距 ：用于设置文字字符间的比例间距，数值越大则字距越小。
- 垂直缩放 ：用于设置文字垂直方向上的缩放大小，调整文字的高度。
- 水平缩放 ：用于设置文字水平方向上的缩放大小，调整文字的宽度。
- 基线偏移 ：用于设置文字与文字基线之间的距离，输入正值时文字会上移，输入负值时文字会下移。

图 5-26

- 颜色：单击色块，在弹出的对话框中可选择字符颜色。
- 文字效果按钮 **T** *T* TT Tr T¹ T₁ T T̶ ：用于设置文字的效果，依次是"仿粗体""仿斜体""全部大写字母""小型大写字母""上标""下标""下划线""删除线"。
- Open Type 按钮 fi ₰ st 𝒜 aa T 1ˢᵗ ½ ：依次是标准连字、上下文替代字、自由连字、花饰字、替代样式、标题代替字、序数字、分数字。
- 语言设置 美国英语　　∨ ：用于设置文本连字符和拼写的语言类型。
- 消除锯齿的方法 aa│锐利　　　∨ ：用于设置消除文字锯齿的方法。

5.2.2　设置段落样式

设置段落样式包括设置文字的对齐方式和缩进方式等，不同的段落样式具有不同的文字效果。段落样式的设置主要通过"段落"面板来实现，执行"窗口>段落"命令，打开"段落"面板，如图 5-27 所示。在面板中单击相应的按钮或输入数值即可对文字的段落格式进行调整。

该面板中主要选项的功能介绍如下。

- 对齐按钮 ≣ ≡ ≣　≣ ≣ ≣　≣ ：从左到右依次为"左对齐文本""居中对齐文本""右对齐文本""最后一行左对齐""最后一行居中对齐""最后一行右对齐""全部对齐"。
- 左缩进 ：用于设置段落文字左侧向内缩进的距离。
- 右缩进 ：用于设置段落文字右侧向内缩进的距离。
- 首行缩进 ：用于设置段落文字首行缩进的距离。
- 段前添加空格 ：用于设置当前段落与上一段落的距离。
- 段后添加空格 ：用于设置当前段落与下一段落的距离。

图 5-27

- 避头尾法则设置：避头尾字符是指不能出现在每行开头或结尾的字符，Photoshop 中提供了基于标准 JIS 的宽松和严格的避头尾集，宽松的避头尾设置忽略了长元音和小平假名字符。
- 间距组合设置：用于设置内部字符集的间距。
- 连字：勾选该复选框，可将文字的最后一个英文单词拆开，形成连字符号，而剩余的部分则自动换到下一行。

🔍 **[实操 5-2] 制作邀请函内页**

🖨 [实例资源]\第 5 章\制作邀请函内页.psd

5-2 制作邀请函内页

STEP 1 将素材文件在 Photoshop 中打开，按 Ctrl+'组合键显示网格，如图 5-28 所示。

STEP 2 在"字符"面板中进行设置，如图 5-29 所示。

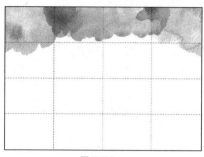

图 5-28

图 5-29

STEP 3 选择"横排文字工具" **T** 输入文字，如图 5-30 所示。

STEP 4 按住 Alt 键复制移动文字图层，更改文字，如图 5-31 所示。

图 5-30

图 5-31

STEP 5 选择"横排文字工具" **T**，绘制文本框，如图 5-32 所示。

STEP 6 打开素材文件，按 Ctrl+C 组合键复制文字，按 Ctrl+V 组合键粘贴文字，如图 5-33 所示。

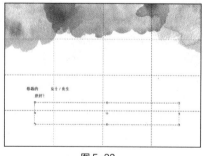

图 5-32

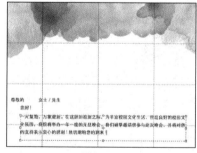

图 5-33

STEP 7 在"段落"面板中进行设置，如图 5-34 所示。

STEP 8 调整文本框大小，如图 5-35 所示。

图 5-34

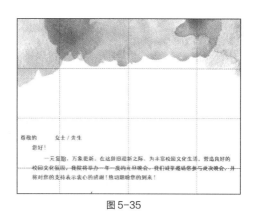

图 5-35

STEP 9 选择"横排文字工具" **T** ，单击并输入文字，按住 Alt 键移动复制该文字图层，然后更改文字，如图 5-36 所示。

图 5-36

STEP 10 选择"文化创意学院大礼堂"文字，在"字符"面板中更改字距为"420"，如图 5-37 所示。

图 5-37

STEP 11 选择文本框并调整其宽度，使"一元"与"您好"左对齐，如图 5-38 所示。

STEP 12 按 Ctrl+'组合键隐藏网格，如图 5-39 所示。

图 5-38

图 5-39

5.2.3 文字转换

根据需要，用户可以对文字类型进行转换，如转换文字的排列方式、点文字与段落文字相互转换，将文字图层转换为普通图层、将文字图层转换为形状图层以及将文字转换为工作路径等。

1. 转换文字的排列方式

文字的排列方式有横排文字和直排文字两种，这两种排列方式可以相互转换。选择要更改排列方式的文字，在属性栏中单击"切换文本取向"按钮 ，或执行"文字>取向（水平或垂直）"命令，即可实现文字横排和直排之间的转换，如图 5-40、图 5-41 所示。

图 5-40　　　　　　　　　　　　　　　　图 5-41

2. 点文字与段落文字相互转换

若要将点文字转换为带文本框的段落文字，只需执行"文字>转换为段落文本"命令即可，如图 5-42 所示。执行"文字>转换为点文本"命令，则可将段落文字转换为点文字，如图 5-43 所示。

图 5-42　　　　　　　　　　　　　　　　图 5-43

3. 将文字图层转换为普通图层

文字图层是一种特殊的图层，它具有文字的特性，可对文字的大小、字体等进行修改，但是如果要在文字图层上进行绘制、应用滤镜等操作，则需要将文字图层转换为普通图层。文字的栅格化即将文字图层转换成普通图层，栅格化后无法进行字体的更改。

将文字图层转换为普通图层主要有以下 3 种方法。
- 执行"图层>栅格化>文字"命令。
- 执行"文字>栅格化文字图层"命令。
- 在"图层"面板中选择文字图层，在图层名称上单击鼠标右键，在弹出的菜单中执行"栅格化文字"命令，如图 5-44、图 5-45 所示。

图 5-44

图 5-45

4. 将文字图层转换为形状图层

若将文字图层转换为带有矢量蒙版的形状图层，则转换后不会保留文字图层。执行"文字>转换为形状"命令，或在"图层"面板中选择文字图层，在图层名称上单击鼠标右键，在弹出的菜单中执行"转换为形状"命令，如图 5-46 所示。转换后，选择"直接选择工具" ▷ 可单独移动变换该形状，如图 5-47 所示。

图 5-46

图 5-47

5. 将文字转换为工作路径

在图像中输入文字后，选择文字图层，单击鼠标右键，在弹出的菜单中执行"创建工作路径"命令或执行"文字>创建工作路径"命令，即可将文字的轮廓转换为工作路径。转换为工作路径后，选择"路径选择工具" ▶ 可对文字路径进行移动，调整工作路径的位置，如图 5-48、图 5-49 所示。

图 5-48

图 5-49

5.3 实战演练——制作文字海报

本实战演练将制作文字海报，读者应综合运用本章所学知识点，熟练掌握并巩固文字工具的应用方法。

1. 实战目标

本实战演练将应用文字工具制作文字海报，参考效果如图 5-50 所示。

图 5-50

2. 操作思路

掌握文字工具的使用方法，下面结合椭圆工具、图层样式与"弯度钢笔工具"开始实战演练。

STEP 1 创建文档并填充为"浅蓝色"，绘制黑色圆形，选择文字工具并输入三组文字，将文字转换为形状图层后"合并形状"，如图 5-51 所示。（注意：在转换为形状图层前，可复制文字，以便于修改。）

STEP 2 选择合并后的文字形状图层与圆形图层"合并形状"，在属性栏中更改填充颜色为"黑色"、选择"减去顶层形状"选项，将合并的形状图层颜色设置为"橙色"，如图 5-52、图 5-53 所示。

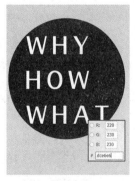

图 5-51

图 5-52

图 5-53

STEP 3 使用"路径选择工具"调整文字摆放的位置，如图 5-54 所示。

STEP 4 双击黑色图层添加投影样式，如图 5-55 所示。

STEP 5 选择"直排文字工具"创建直排文字，选择"横排文字工具"创建段落文字。

STEP 6 选择"椭圆工具"绘制圆形并调整不透明度，如图 5-56 所示。

图 5-54

图 5-55

图 5-56

知识拓展

Q1　如何在 Photoshop 中添加外部字体？

A1　下载字体文件，选择字体文件后单击鼠标右键，在弹出的菜单中执行"安装"命令，自动安装字体，提示对话框消失则安装成功。

Q2　选择文字有哪些小技巧？

A2　在段落文字中，连续单击 3 次可以选择标点前的文字，如图 5-57 所示；连续单击 4 次可以选择一整行文字，如图 5-58 所示；按 Ctrl+A 组合键可以全选文字，如图 5-59 所示。

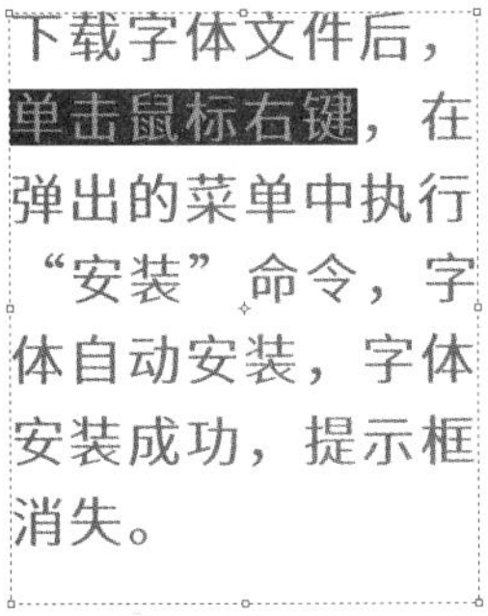

图 5-57

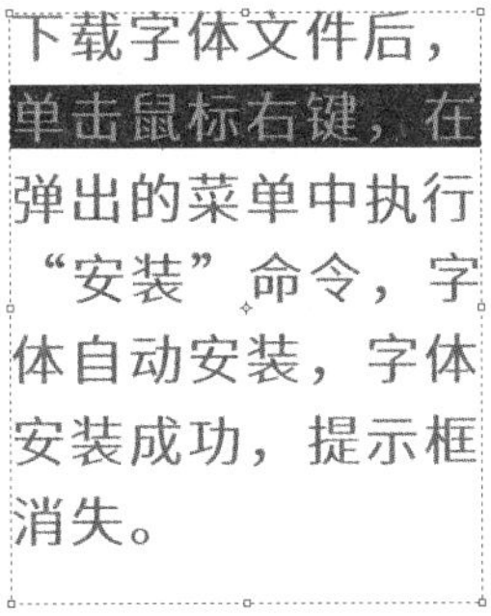

图 5-58

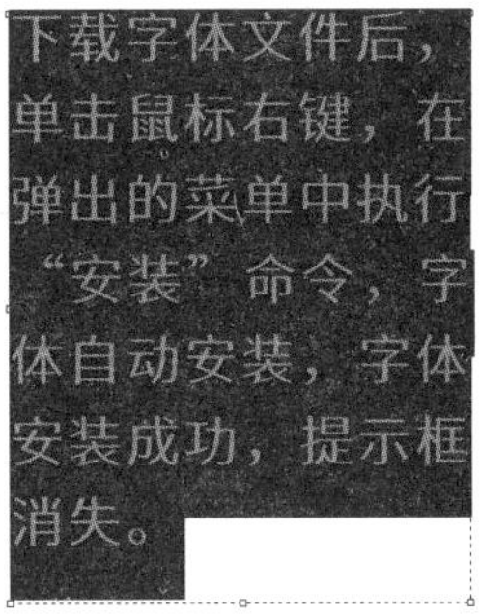

图 5-59

Q3　如何快速应用字体样式？

A3　在对报纸、杂志等包含大量文字的文本进行排版时，可在"字符样式"面板中新建字符样式，双击创建的"字符样式 1"，在弹出的"字符样式选项"对话框中可以进行详细的编辑，如图 5-60、图 5-61 所示。

图 5-60

图 5-61

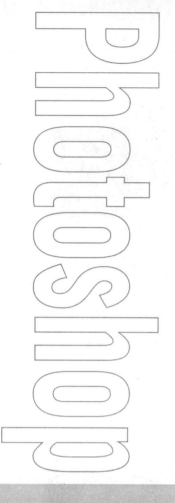

Chapter

6

第 6 章
修饰图像，提升美感

本章主要对 Photoshop 中修饰图像的工具
进行讲解，包括使用图章工具组与修补工具组对
图像进行修复，使用历史记录工具组对图像进行
恢复，使用减淡工具组及模糊工具组对图像的明
暗等进行调整，使用橡皮擦工具组对图像进行擦
除等。

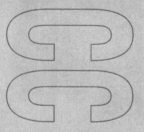

课堂学习目标

- 掌握图像修复工具的使用方法
- 掌握历史记录工具的使用方法
- 掌握图像明暗的调整
- 掌握图像的二次修饰
- 掌握图像的擦除方法

6.1 图像修复

在 Photoshop 中可根据具体情况，使用"仿制图章工具" 🔹、"图案图章工具"🔹、"污点修复画笔工具" 🖊、"修复画笔工具" 🖊、"修补工具" 🔳 及"内容感知移动工具" ✂️ 对图像进行修复。

6.1.1　仿制图章工具

"仿制图章工具" 🔹 的功能类似于复印机，能够把指定的像素点作为复制基准点，将该基准点周围的图像复制到图像中的任意位置。选择"仿制图章工具" 🔹，会显示其属性栏，如图 6-1 所示。

图 6-1

该属性栏中主要选项的功能介绍如下。

- 对齐：勾选该复选框，可连续对像素取样；取消勾选该复选框，则会在重新开始绘制时使用初始取样点中的样本像素。
- 样本：用于从指定的图层中进行数据取样。若选择"当前图层"选项，则只从当前图层进行取样；若选择"当前和下方图层"选项，则可以从当前图层和下方图层进行取样；若选择"所有图层"选项，则会从所有可视图层进行取样。

选择"仿制图章工具" 🔹，在属性栏中进行设置，按住 Alt 键的同时单击要复制的区域进行取样，在图像中按住鼠标左键并拖曳即可复制图像，如图 6-2、图 6-3 所示。

图 6-2

图 6-3

6.1.2　图案图章工具

"图案图章工具"🔹用于复制图案，并对图案进行排列。需要注意的是，复制的图案是在复制操作之前定义好的。选择"图案图章工具"🔹，会显示其属性栏，如图 6-4 所示。

图 6-4

该属性栏中主要选项的功能介绍如下。

- 图案：单击◡按钮，在弹出的下拉列表中可以选择所需图案样式。
- 对齐：勾选该复选框，可保持图案与原始起点的连续性；取消勾选该复选框，则每次单击鼠标都会重新应用图案。

- 印象派效果：勾选该复选框，绘制的图案将具有印象派绘画的艺术效果。

选择"图案图章工具" 🎨，在属性栏中选择图案，绘制效果如图 6-5 所示。若勾选"印象派效果"复选框，绘制效果如图 6-6 所示。

图 6-5 图 6-6

6.1.3 污点修复画笔工具与修复画笔工具

使用"污点修复画笔工具" 🖌 可以将图像的纹理、光照和阴影等与所修复的图像进行自动匹配。该工具不需要进行取样，可以通过在瑕疵处单击，自动从所修饰区域的周围进行取样来修复单击的区域。选择"污点修复画笔工具" 🖌，会显示其属性栏，如图 6-7 所示。

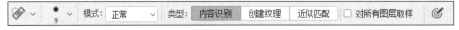

图 6-7

该属性栏中主要选项的功能介绍如下。

- 内容识别：单击该按钮，可以比较附近的图像内容，不留痕迹地填充选区，同时保留让图像栩栩如生的关键细节，如阴影和对象边缘。
- 创建纹理：单击该按钮，可以使用选区中的所有像素创建一个用于修复该区域的纹理。
- 近似匹配：单击该按钮，可以使用选区边缘周围的像素来查找要用作选定区域修补的图像区域。
- 对所有图层取样：勾选该复选框，可使取样范围扩展到图像中所有的可见图层。

选择"污点修复画笔工具" 🖌，在属性栏中进行设置，在需要修补的位置按住鼠标左键并拖曳，释放鼠标即可修复图像中的某个对象，如图 6-8、图 6-9 所示。

图 6-8 图 6-9

"修复画笔工具" 🖌 与"污点修复画笔工具" 🖌 相似，二者最根本的区别在于使用"修复画笔工具"前需要指定样本，即从无污点位置进行取样，再用取样点的样本图像来修复图像。使用"修复画笔工具"修复图像时，会与周围颜色进行比较，使其更好地与周围颜色相融合。选择"修复画笔工具" 🖌，会显示其属性栏，如图 6-10 所示。

图 6-10

该属性栏中主要选项的功能介绍如下。

- 源：指定用于修复像素的源，单击"取样"按钮可以使用当前图像的像素，而单击"图案"按钮可以使用某个图案的像素，即在其右侧的下拉列表框中选择已有的图案用于修复。
- 扩散：用于控制粘贴的区域以怎样的速度适应周围的图像，图像中如果有颗粒或精细的细节则选择较低的值，图像如果比较平滑则选择较高的值。

选择"修复画笔工具" 🖌️，按住 Alt 键在源区域单击，对源区域进行取样，在目标区域按住鼠标左键并拖曳，即可将取样的内容复制到目标区域中，如图 6-11、图 6-12 所示。

图 6-11

图 6-12

[实操 6-1] 使用修复工具修复面部瑕疵

📁 [实例资源]\第 6 章\使用修复工具修复面部瑕疵.jpg

STEP❶1 将素材文件在 Photoshop 中打开，如图 6-13 所示。

STEP❷2 按 Ctrl+J 组合键复制图层，如图 6-14 所示。

6-1 使用修复工具修复面部瑕疵

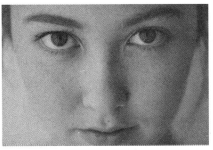

图 6-13

图 6-14

应用秘技

对图层进行不可逆的操作时，可将其复制一层，在复制图层上进行操作，这样可以保护原图层并便于恢复。

STEP❶1 选择"污点修复画笔工具" 🖌️，在瑕疵处按住鼠标左键并拖曳以将其修复，如图 6-15 所示。

STEP❷2 使用相同的方法继续修复，如图 6-16 所示。

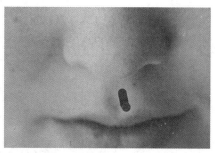

图 6-15

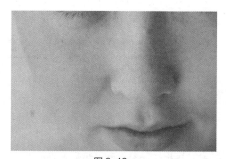

图 6-16

STEP★3 选择"修复画笔工具" ，按住 Alt 键在源区域单击，对源区域进行取样，如图 6-17 所示。

STEP★4 在瑕疵处单击将其修复，使用相同的方法对其他位置进行修复，如图 6-18 所示。

图 6-17

图 6-18

6.1.4 修补工具

"修补工具" 和"修复画笔工具" 类似，它们都使用图像中的其他区域或图像中的像素来修复选择的区域。使用"修补工具" 会将样本像素的纹理、光照和阴影与源像素进行匹配。选择"修补工具" ，会显示其属性栏，如图 6-19 所示。

图 6-19

该属性栏中主要选项的功能介绍如下。

- 修补：用于设置修补方式，在右侧下拉列表中可选择"正常"与"内容识别"选项。
- 源：单击该按钮，"修补工具" 将从目标选区修补源选区。
- 目标：单击该按钮，"修补工具" 将从源选区修补目标选区。
- 透明：勾选该复选框，可使修补的图像与原图产生透明的叠加效果。

🔍 应用秘技

选择"修补工具" 的"内容识别"选项可合成附近的内容，以便与周围的内容无缝混合。在"修补"下拉列表中选择"内容识别"选项，右侧将显示"结构"和"颜色"两个选项，如图 6-20 所示。

图 6-20

- 结构：输入 1~7 之间的值，以指定修补在反映现有图像时应达到的近似程度。若输入 1，修补内容将不必严格遵循现有图像的图案；若输入 7，则修补内容将严格遵循现有图像的图案。
- 颜色：输入 0~10 之间的值，以指定 Photoshop 在多大程度上对修补的内容应用算法颜色混合。若输入 0，将禁用颜色混合；若输入 10，则将应用最大颜色混合。

选择"修复画笔工具" ，沿需要修补的部分绘制出一个随意的选区，拖曳选区到其他部分的图像上，释放鼠标即可用其他部分的图像修补图像，如图 6-21、图 6-22 所示。

图 6-21

图 6-22

6.1.5　内容感知移动工具

"内容感知移动工具" 属于操作简单的智能修复工具，主要有以下两大功能。
- 感知移动功能：该功能主要用于移动图片中的主体，并将其随意放置到合适的位置，移动后的空隙位置软件会智能修复。
- 快速复制功能：选择想要复制的部分，将其移动到其他位置就可以实现复制，复制后的边缘会自动进行柔化处理，与周围环境相融合。

选择"内容感知移动工具" ，会显示其属性栏，如图 6-23 所示。其中"模式"下拉列表框中包括"移动""扩展"两个选项。若选择"移动"选项，将实现"感知移动"功能；若选择"扩展"选项，则将实现"快速复制"功能。

图 6-23

选择"内容感知移动工具" ，按住鼠标左键并拖曳绘制出选区，在选区中按住鼠标左键并拖曳，将选区移动到想要放置的位置后释放鼠标，然后按 Enter 键，如图 6-24、图 6-25 所示。

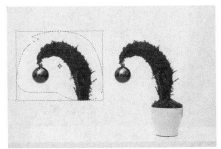

图 6-24

图 6-25

6.2 使用历史记录恢复图像

在 Photoshop 中可以使用"历史记录画笔工具" 🖌 和"历史记录艺术画笔工具" 🖌 对已操作的图像进行恢复操作。

6.2.1 历史记录画笔工具

"历史记录画笔工具" 🖌 的主要功能是恢复图像，可以设置画笔的样式、模式及不透明度等。选择"历史记录画笔工具" 🖌，会显示其属性栏，如图 6-26 所示。

图 6-26

+ **[实操 6-2] 恢复图像部分效果**

📄 [实例资源]\第 6 章\恢复图像部分效果.jpg

STEP 1 将素材文件在 Photoshop 中打开，如图 6-27 所示。

STEP 2 按 Shift+Ctrl+U 组合键去色，如图 6-28 所示。

6-2 恢复图像部分效果

图 6-27

图 6-28

STEP 3 选择"历史记录画笔工具" 🖌，在属性栏中设置画笔属性，如图 6-29 所示。

STEP 4 按住鼠标左键，在图像中需要恢复的区域拖曳，鼠标指针经过的位置会恢复为步骤 3 中未对图像进行操作的效果，而图像中未被修改过的区域将保持不变，如图 6-30 所示。

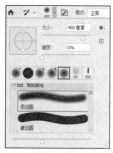

图 6-29

图 6-30

+ 应用秘技

在操作过程中，可根据需要按[键与]键快速调整画笔大小。

6.2.2　历史记录艺术画笔工具

使用"历史记录艺术画笔工具"  恢复图像时，将产生一定的艺术笔触。该工具常用于制作富有艺术气息的绘画图像。选择"历史记录艺术画笔工具" ，在其属性栏中可以设置"画笔大小""模式""不透明度""样式""区域""容差"等，如图 6-31 所示。

图 6-31

在"样式"下拉列表中可选择不同的笔刷样式。在"区域"数值框中可以设置历史记录艺术画笔描绘的范围，数值越大，影响的范围就越大。图 6-32、图 6-33 所示为使用"历史记录艺术画笔工具" 绘制的图像效果。

图 6-32　　　　　　　　　　　　　　图 6-33

6.3　图像明暗的调整

对于图像亮度、暗度、饱和度的调整，可使用工具箱中的"减淡工具" 、"加深工具" 及"海绵工具" 来实现。

6.3.1　调整图像的亮度

使用"减淡工具" 可以对图像的暗部、中间调、高光部分别进行减淡处理。选择"减淡工具" ，会显示其属性栏，如图 6-34 所示。

图 6-34

该属性栏中主要选项的功能介绍如下。

- 范围：用于设置加深的作用范围，包括 3 个选项，分别为"阴影""中间调""高光"。"阴影"表示修改图像的暗部，如阴影区域等；"中间调"表示修改图像的中间色调区域，即介于阴影和高光之间的色调区域；"高光"表示修改图像的亮部。

- 曝光度：用于设置对图像色彩减淡的程度，取值范围为 0%~100%，数值越大，对图像减淡的效果就越明显。

- 保护色调：勾选该复选框，使用"加深工具" 或"减淡工具" 进行操作时就可以尽量保证图像原有的色调不失真。

选择"减淡工具" ，在属性栏中进行设置后，将鼠标指针移动到需要处理的位置，按住鼠标左键并拖曳涂抹即可应用减淡效果，如图 6-35、图 6-36 所示。

图 6-35

图 6-36

6.3.2　调整图像的暗度

使用"加深工具" 可以对图像色调进行加深处理，常用于阴影部分的处理。选择"加深工具" ，显示其属性栏，如图 6-37 所示。该工具选项与"减淡工具" 基本一致，此处不再赘述。

图 6-37

选择"加深工具" ，在属性栏中进行设置后，将鼠标指针移动到需要处理的位置，按住鼠标左键并拖曳涂抹即可应用加深效果，如图 6-38、图 6-39 所示。

图 6-38

图 6-39

🔍 应用秘技

"减淡工具" 和"加深工具" 都可用于调整图像的色调，它们分别通过提高和降低图像的曝光度来使图像变亮或变暗，其功能与执行"图像 > 调整 > 亮度/对比度"命令类似。

6.3.3　调整图像的饱和度

"海绵工具" 用于改变图像局部的色彩饱和度，因此用其对黑白图像进行处理效果很不明显。选择"海绵工具" ，会显示其属性栏，如图 6-40 所示。

图 6-40

该属性栏中主要选项的功能介绍如下。
- 模式：在下拉列表框中可以选择改变饱和度的方式，包括"去色"和"加色"两种方式。
- 流量：在改变饱和度的过程中，流量值越大效果越明显。

- 自然饱和度：勾选此复选框，可以在增加饱和度的同时防止因颜色过度饱和而产生溢色现象。

选择"海绵工具" ，在属性栏中进行设置后，将鼠标指针移动到需要处理的位置，按住鼠标左键并拖曳涂抹即可应用"海绵工具"的去色与加色效果，如图 6-41、图 6-42 所示。

图 6-41　　　　　　　　　　　　　　　　图 6-42

6.4　图像的二次修饰

对于图像模糊、锐化、模拟手绘效果的调整，可使用"模糊工具" △、"锐化工具" △ 及"涂抹工具" ◎ 来实现。

6.4.1　模糊图像

使用"模糊工具"不仅可以绘制出模糊效果，还可以修复图像中的杂点或折痕，通过降低图像相邻像素之间的反差，使僵硬的图像边界变得柔和、颜色过渡变得平缓，从而起到模糊图像局部的作用。选择"模糊工具" △，会显示其属性栏，如图 6-43 所示。

图 6-43

该属性栏中主要选项的功能介绍如下。

- 模式：用于设置像素的合成模式，包括"正常""变暗""变亮"3 个选项。
- 强度：用于控制模糊的程度。
- 对所有图层取样：勾选该复选框，则将模糊应用于所有可见图层，否则只应用于当前图层。

选择"模糊工具" △，在属性栏中进行设置后，将鼠标指针移动到需要处理的位置，按住鼠标左键并拖曳涂抹即可应用模糊效果，如图 6-44、图 6-45 所示。

图 6-44　　　　　　　　　　　　　　　　图 6-45

⊕ **[实操 6-3] 制作景深效果**

[实例资源]\第 6 章\制作景深效果.jpg

STEP 1 将素材文件在 Photoshop 中打开，如图 6-46 所示。

STEP 2 选择"套索工具" ⚲ 并绘制选区，按 Shift+Ctrl+I 组合键反选选区，如图 6-47 所示。

6-3 制作景深效果

图 6-46

图 6-47

STEP 3 单击鼠标右键，在弹出的菜单中执行"羽化"命令，在弹出的对话框中设置羽化半径为"50"像素，如图 6-48 所示。

STEP 4 选择"模糊工具" ◊ 并涂抹需要模糊的区域，如图 6-49 所示。

图 6-48

图 6-49

STEP 5 执行"滤镜>模糊>动感模糊"命令，在弹出的"动感模糊"对话框中进行设置，按 Ctrl+D 组合键取消选择选区，如图 6-50、图 6-51 所示。

图 6-50

图 6-51

STEP 6 选择"减淡工具" ✒ ，在属性栏中进行设置，在人物左右位置进行涂抹以减淡颜色，如图 6-52 所示。

STEP 7 选择"加深工具" ⚲，在属性栏中进行设置，在图像四周进行涂抹以加深颜色，如图 6-53 所示。

图 6-52　　　　　　　　　　　　　　　　图 6-53

6.4.2　锐化图像

"锐化工具" △与"模糊工具" ◌的效果正好相反，"锐化工具" △通过提高图像相邻像素之间的反差，使图像的边界变得明显。选择"锐化工具" △，会显示其属性栏，如图 6-54 所示。该工具选项与"模糊工具" ◌基本一致，此处不再赘述。

图 6-54

选择"锐化工具" △，在属性栏中进行设置后，将鼠标指针移动到需要处理的位置，按住鼠标左键并拖曳涂抹即可应用锐化效果，如图 6-55、图 6-56 所示。

图 6-55　　　　　　　　　　　　　　　　图 6-56

🔍 **应用秘技**

在使用"锐化工具" △时需要适度涂抹，若涂抹强度过大，可能会出现噪点，影响画面效果。

6.4.3　模拟手绘图像

"涂抹工具" 🖐可用于模拟在未干的绘画纸上使用手指绘画的效果，也可用于修复有缺失的图像边缘。若图像中颜色与颜色之间的边界过渡生硬，则可以使用"涂抹工具" 🖐进行涂抹，使边界过渡柔和。选择"涂抹工具" 🖐，会显示其属性栏，如图 6-57 所示。该工具选项与"模糊工具" ◌基本一致，此处不再赘述。

图 6-57

选择"涂抹工具" 🖐，在属性栏中进行设置后，将鼠标指针移动到需要处理的位置，按住鼠标左键并拖曳涂抹即可应用模拟手绘效果，如图 6-58、图 6-59 所示。

图 6-58   图 6-59

⊕ **应用秘技**

在属性栏中，若勾选"手指绘画"复选框，则涂抹时使前景色与图像中的颜色相融合；若取消勾选该复选框，则涂抹时使用拖曳处的图像颜色。

6.5 图像的擦除

对于图像的擦除，可使用"橡皮擦工具" ✎、"背景橡皮擦工具" ✎ 及"魔术橡皮擦工具" ✦ 来实现。

6.5.1 橡皮擦工具

"橡皮擦工具" ✎主要用于擦除当前图像中的颜色。选择"橡皮擦工具" ✎，会显示其属性栏，如图 6-60 所示。

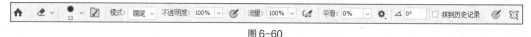

图 6-60

该属性栏中主要选项的功能介绍如下。

- 模式：该工具可以选择使用"画笔工具" ✎ 和"铅笔工具" ✎ 的设置，包括笔刷样式、大小等。若选择"块"模式，则"橡皮擦工具" ✎ 将使用方块笔刷。
- 不透明度：若不想完全擦除图像，可以降低不透明度。
- 抹到历史记录：勾选该复选框，在擦除图像时，可以使图像恢复到任意一个历史状态。该功能常用于恢复图像的局部到前一个状态。

"橡皮擦工具" ✎ 在不同图层中有不同的擦除效果。在"背景"图层中擦除，擦除的部分显示为背景色，在普通图层中擦除，擦除的部分为透明，如图 6-61、图 6-62 所示。

图 6-61   图 6-62

6.5.2　背景橡皮擦工具

"背景橡皮擦工具" 🖌 用于擦除指定颜色，并以透明色填充被擦除的区域。选择"背景橡皮擦工具" 🖌 ，
会显示其属性栏，如图 6-63 所示。

图 6-63

该属性栏中主要选项的功能介绍如下。

- 限制：该下拉列表中包含 3 个选项，若选择"不连续"选项，则擦除图像中所有具有取样颜色的像素；若选择"连续"选项，则擦除图像中鼠标指针经过的具有取样颜色的像素；若选择"查找边缘"选项，则在擦除鼠标指针经过区域的同时保留图像中物体锐利的边缘效果。
- 容差：用于设置被擦除的图像颜色与取样颜色之间差异的大小，取值范围为 0%~100%。数值越小，被擦除的图像颜色与取样颜色越接近，擦除的范围越小；数值越大，则擦除的范围越大。
- 保护前景色：勾选该复选框，可防止具有前景色的图像区域被擦除。

选择"吸管工具" 🖉 分别吸取背景色和前景色，前景色为保留的部分，背景色为擦除的部分，选择"背景橡皮擦工具" 🖌 在图像中涂抹，如图 6-64、图 6-65 所示。

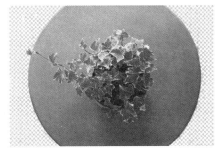

图 6-64　　　　　　　　　　　　　　　　图 6-65

6.5.3　魔术橡皮擦工具

"魔术橡皮擦工具" 🖌 是"魔棒工具" 🪄 和"背景橡皮擦工具" 🖌 的结合，是一种根据像素颜色来擦除图像的工具。使用"魔术橡皮擦工具" 🖌 可以一次性擦除图像或选区中颜色相同或相近的区域，从而得到透明区域。选择"魔术橡皮擦工具" 🖌 ，会显示其属性栏，如图 6-66 所示。

图 6-66

该属性栏中主要选项的功能介绍如下。

- 消除锯齿：勾选该复选框，将得到较平滑的图像边缘。
- 连续：勾选该复选框，将仅擦除与单击处相连接的区域。
- 对所有图层取样：勾选该复选框，将利用所有可见图层中的组合数据来采集色样，否则只对当前图层的颜色信息进行取样。

选择"魔术橡皮擦工具" 🖌 擦除图像，如图 6-67、图 6-68 所示。

图 6-67

图 6-68

6.6 实战演练——图像艺术化处理

6-4 图像艺术化
处理

本实战演练将美化图像，读者应综合运用本章所学知识点，熟练掌握并巩固修复与修饰工具的应用方法。

1. 实战目标

本实战演练将使用修复与修饰工具美化图像，参考效果如图 6-69、图 6-70 所示。

图 6-69

图 6-70

2. 操作思路

掌握"历史记录艺术画笔工具"✏️的使用方法，下面结合"减淡工具"🔍、"海绵工具"⚫、高斯模糊开始实战演练。

STEP 1 打开图像文件，使用"历史记录艺术画笔工具"✏️涂抹花的部分，如图 6-71 所示。

STEP 2 绘制矩形，复制"背景"图层并创建剪贴蒙版，为矩形添加投影样式，复制"背景"图层并执行"滤镜>模糊>高斯模糊"命令，如图 6-72 所示。

STEP 3 使用"减淡工具"🔍、"加深工具"✋与"海绵工具"⚫调整图像，如图 6-73 所示。

STEP 4 选择"横排文字工具"T输入文字，如图 6-74 所示。

图 6-71

图 6-72

图 6-73

图 6-74

知识拓展

Q1　修复类工具的适用范围是怎样的？

A1　"污点修复画笔工具" 适用于背景简单、没有复杂无规律的色彩或轮廓变化的图像；"修复画笔工具" 适用于区域形状简单的图像。

Q2　"仿制图章工具" 和"修复画笔工具" 的区别有哪些？

A2　"仿制图章工具" 完全复制取样点的图像，如图 6-75①所示；"修复画笔工具" 在复制时则会加入基准点的纹理、阴影、光等效果，如图 6-75②所示。

图 6-75

Q3　"历史记录"面板中的快照有何作用？

A3　在"历史记录"面板中创建快照，可以创建任何状态的临时副本。使用"历史记录画笔工具" 可将一个图像状态或图像快照的副本绘制到当前图像编辑窗口中，如图 6-76、图 6-77、图 6-78 所示。

图 6-76　　　　　　　　　　图 6-77　　　　　　　　　　图 6-78

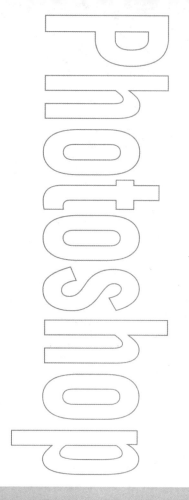

Chapter

7

第 7 章
图像颜色的调整

本章主要对 Photoshop 中图像颜色的调整
进行讲解，包括通过色阶、曲线、亮度/对比度调
整图像色调，通过色彩平衡、色相/饱和度、自然
饱和度、通道混合器等调整图像色彩，通过去色、
反相及阈值等进行特殊调整。

课堂学习目标

- 掌握图像色调的调整方法
- 掌握图像色彩的调整方法
- 掌握特殊图像的调整方法

7.1 调整图像的色调

在 Photoshop 中可以通过色阶、曲线、亮度/对比度等来调整图像的色调。

7.1.1 色阶

色阶主要用来调整图像的高光、中间调及阴影的强度级别，从而校正图像的色调范围和色彩平衡。执行"图像>调整>色阶"命令或按 Ctrl+L 组合键，弹出"色阶"对话框，如图 7-1 所示。

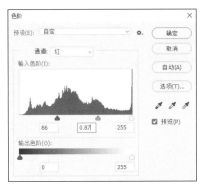

图 7-1

该对话框中主要选项的功能介绍如下。

- 预设：在下拉列表中可选择预设色阶文件对图像进行调整。
- 通道：在下拉列表中可选择调整整体或者单个通道的色调。图 7-2、图 7-3 所示为调整"红"通道前后的对比效果。

图 7-2

图 7-3

- 输入色阶：该选项分别对应直方图中的 3 个滑块，拖曳滑块即可调整阴影、高光及中间调。
- 输出色阶：用于设置图像的亮度范围，其取值范围为 0~255，两个数值分别用于调整暗部色调和亮部色调。
- 自动：单击该按钮，将以 0.5 的比例对图像进行调整，把最亮的像素调整为白色，把最暗的像素调整为黑色。
- 选项：单击该按钮，可打开"自动颜色校正选项"对话框，该对话框主要用于设置"阴影"和"高光"所占比例。
- 从图像中取样以设置黑场 🖊：单击该按钮，在图像中取样，可以将单击处的像素调整为黑色，同时图像中比单击处亮的像素也会变成黑色。

- 从图像中取样以设置灰场 ✏：单击该按钮，在图像中取样，可以将单击处的像素调整为灰色，从而改变图像的色调。

- 从图像中取样以设置白场 ✏：单击该按钮，在图像中取样，可以将单击处的像素调整为白色，同时图像中比单击处亮的像素也会变成白色。

⊕ 应用秘技

按住 Alt 键，"取消"按钮 （取消）会变为"复位"按钮 （复位），单击该按钮，可恢复默认值设置。

⊕ [实操 7-1] 调整灰阶图像

🖥 [实例资源]\第 7 章\调整灰阶图像.jpg

STEP ⬇1 将素材文件在 Photoshop 中打开，如图 7-4 所示。

STEP ⬇2 按 Ctrl+L 组合键，弹出"色阶"对话框，如图 7-5 所示。

7-1 调整灰阶图像

图 7-4

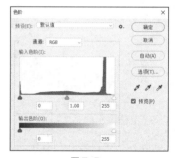

图 7-5

STEP ⬇3 单击"从图像中取样以设置白场"按钮 ✏，单击图像背景，可将灰色的背景调整为白色，如图 7-6、图 7-7 所示。

图 7-6

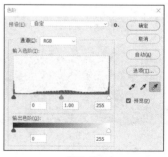

图 7-7

7.1.2 曲线

使用曲线不仅可以调整图像整体的色调，还可以精确地控制图像中多个色调区域的明暗程度，从而将一幅整体偏暗且模糊的图像变得清晰、色彩鲜明。执行"图像>调整>曲线"命令或按 Ctrl+M 组合键，弹出"曲线"对话框，如 7-8 所示。

该对话框中主要选项的功能介绍如下。

- 预设：Photoshop 对一些特殊调整做了预先设定，在下拉列表中选择相应选项即可快速调整图像。

- 通道：在下拉列表中可选择需要调整的通道。
- 曲线编辑框：曲线的水平轴表示原始图像的亮度，即图像的输入值；垂直轴表示处理后新图像的亮度，即图像的输出值；曲线的斜率表示相应像素点的灰度值。在曲线上单击并拖曳可创建控制点来调整色调，如图 7-9、图 7-10 所示。

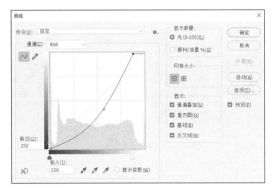

图 7-8

图 7-9

图 7-10

- 编辑点以修改曲线 ∿：单击该按钮，可以拖曳曲线上的控制点来调整图像。
- 通过绘制来修改曲线 ✎：单击该按钮，将鼠标指针移动到曲线编辑框中，当其变为 ✎ 形状时按住鼠标左键并拖曳，绘制曲线调整图像。
- 网格大小 ⊞ ▦：用于控制曲线编辑框中曲线的网格数量。
- 显示：该选项组包括"通道叠加""直方图""基线""交叉线"4 个复选框，只有勾选这些复选框，曲线编辑框中才会显示 3 个通道叠加，以及直方图、基线和交叉线的效果。

7.1.3 亮度/对比度

亮度/对比度主要用来提高图像的清晰度。执行"图像>调整>亮度/对比度"命令，弹出"亮度/对比度"对话框，如图 7-11 所示。

图 7-11

在该对话框中，可以通过拖曳滑块或在数值框中输入数值（范围为－100～100）来调整图像的亮度和对比度，如图 7-12、图 7-13 所示。

图 7-12　　　　　　　　　　　　　　　　　图 7-13

7.2　调整图像的色彩

在 Photoshop 中可以通过色彩平衡、色相/饱和度、自然饱和度、通道混合器、照片滤镜、匹配颜色、可选颜色及替换颜色来调整图像的色彩。

7.2.1　色彩平衡

色彩平衡可改变颜色的混合，纠正图像中明显的偏色问题。通过调整图像的色彩平衡，可以在图像原色的基础上根据需要来添加其他颜色，或通过增加某种颜色的补色以减少该颜色的数量，从而改变图像的色调。

执行"图像>调整>色彩平衡"命令或按 Ctrl+B 组合键，弹出"色彩平衡"对话框，如图 7-14 所示。

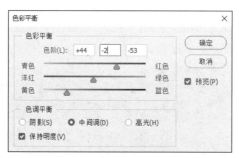

图 7-14

该对话框中主要选项的功能介绍如下。

- 色彩平衡：在"色阶"后的数值框中输入数值即可调整组成图像的 6 种颜色的比例，也可直接拖曳滑块来调整图像的色彩。
- 色调平衡：选择需要进行调整的色彩范围，包括"阴影""中间调""高光"，选中某一个单选按钮，就可对相应色调的像素进行调整；勾选"保持明度"复选框，调整色彩时将保持图像亮度不变。

图 7-15、图 7-16 所示为调整色彩平衡前后的对比效果。

图 7-15

图 7-16

7.2.2　色相/饱和度

色相/饱和度不仅可以用于调整图像像素的色相和饱和度，还可以用于灰度图像的色彩渲染，从而给灰度图像添加颜色。执行"图像>调整>色相/饱和度"命令或按 Ctrl+U 组合键，弹出"色相/饱和度"对话框，如图 7-17 所示。

图 7-17

该对话框中主要选项的功能介绍如下。

- 预设：该下拉列表中提供了 8 种预设，单击"预设选项"按钮 ✿.，可以对当前设置进行保存，或者载入一个新的预设调整文件。
- 通道 全图 　　　 ˅：该下拉列表中提供了 7 种通道，选择通道后，可以拖曳下面"色相""饱和度""明度"的滑块进行调整，若选择"全图"选项可一次调整整幅图像中的所有颜色，若选择"全图"选项之外的选项则色彩变化只对选择的颜色起作用。
- 移动 🖐️：在图像上按住鼠标左键并拖曳可修改饱和度，按住 Ctrl 键单击可修改色相。
- 着色：勾选该复选框，图像会整体偏向单一的红色调，通过调整色相和饱和度，能让图像呈现出多种富有质感的单色调效果。

图 7-18、图 7-19 所示为调整色相/饱和度前后的对比效果。

图 7-18

图 7-19

7.2.3　自然饱和度

调整自然饱和度能在颜色接近最大饱和度时停止调整，从而只提高不饱和的颜色的饱和度，而不会使已经足够饱和的颜色过于鲜艳。执行"图像>调整>自然饱和度"命令，弹出"自然饱和度"对话框，如图7-20所示。

图 7-20

图 7-21、图 7-22 所示为调整自然饱和度前后的对比效果。

图 7-21

图 7-22

7.2.4　通道混合器

通道混合器可以将图像中某个通道的颜色与其他通道的颜色进行混合，使图像产生合成效果，从而达到调整图像色彩的目的。通过对各通道进行不同程度的替换，图像会产生戏剧性的色彩变换，赋予图像不同的画面效果与风格。

执行"图像>调整>通道混和器"命令，弹出"通道混和器"对话框，如图7-23所示。

图 7-23

该对话框中主要选项的功能介绍如下。

- 输出通道：在该下拉列表中可以选择对某个通道进行混合。
- 源通道：拖曳相应滑块可以减少或增加源通道在输出通道中所占的百分比。
- 常数：该选项可将一个不透明的通道添加到输出通道，若为负值则为黑通道，若为正值则为白通道。
- 单色：勾选该复选框，则会对所有输出通道应用相同的设置。创建该颜色模式下的灰度图，也可继续调整使灰度图像呈现出不同的质感效果。

图 7-24、图 7-25 所示为调整通道混合器前后的对比效果。

图 7-24

图 7-25

7.2.5　照片滤镜

照片滤镜主要用于模拟在镜头前叠加有色滤镜的效果，通过照片滤镜可以快速调整通过镜头传输的光的色彩平衡、色温和胶片曝光，以改变图像的颜色倾向。执行"图像>调整>照片滤镜"命令，弹出"照片滤镜"对话框，如图 7-26 所示。

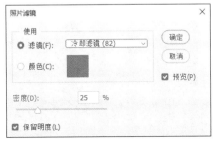
图 7-26

该对话框中主要选项的功能介绍如下。

- 滤镜：在该下拉列表中可选择一个滤镜颜色。
- 颜色：对于自定滤镜，可选择"颜色"选项，单击右侧的色块，在弹出的对话框中可以为自定颜色滤镜指定颜色。
- 密度：调整应用于图像的颜色数量，直接输入数值或拖曳滑块即可进行调整，数值越大，颜色调整幅度就越大。
- 保留明度：勾选该复选框，以保持图像中的整体色调平衡，防止图像的明度随颜色的更改而改变。

图 7-27、图 7-28 所示为添加照片滤镜前后的对比效果。

图 7-27

图 7-28

7.2.6 匹配颜色

匹配颜色是指将一个图像作为源图像，另一个图像作为目标图像，用源图像的颜色与目标图像的颜色进行匹配。源图像和目标图像可以是两个独立的文件，也可以匹配同一个图像中不同图层之间的颜色。执行"图像>调整>匹配颜色"命令，弹出"匹配颜色"对话框，如图 7-29 所示。

图 7-29

图 7-30 所示为源图像，图 7-31、图 7-32 所示为调整匹配颜色前后的对比效果。

图 7-30

图 7-31

图 7-32

7.2.7 可选颜色

通过可选颜色可以校正颜色的平衡，选择某种颜色范围进行有针对性的修改，在不影响其他颜色的情况下修改图像中某种颜色的数量。执行"图像>调整>可选颜色"命令，弹出"可选颜色"对话框，如图 7-33 所示。

在"可选颜色"对话框中，若选中"相对"单选按钮，则表示按照总量的百分比更改现有的青色、洋红、黄色或黑色的量；若选中"绝对"单选按钮，则按绝对值进行调整。图 7-34、图 7-35 所示为调整可选颜色前后的对比效果。

图 7-33

图 7-34

图 7-35

+ **[实操 7-2] 调整美食图像**

[实例资源]\第 7 章\调整美食图像.psd

STEP 1 将素材文件在 Photoshop 中打开，如图 7-36 所示。

STEP 2 按 Ctrl+J 组合键复制图层，更改图层的混合模式为"滤色"，如图 7-37 所示。

7-2 调整美食图像

图 7-36

图 7-37

STEP 3 更改图层的不透明度为"50%"，如图 7-38 所示。

STEP 4 选择"快速选择工具" ，创建选区，如图 7-39 所示。

STEP 5 单击"图层"面板底部的"创建新的填充或调整图层"按钮 ，在弹出的下拉列表中选择"可选颜色"选项，在弹出的"属性"面板中设置蓝色、青色的比例，调整图形效果，如图 7-40、图 7-41、

图 7-42 所示。

图 7-38

图 7-39

图 7-40

图 7-41

图 7-42

7.2.8　替换颜色

替换颜色用于替换图像中某个特定范围的颜色，以此来调整色相、饱和度和明度。执行"图像>调整>替换颜色"命令，弹出"替换颜色"对话框，选择"吸管工具" 吸取颜色，拖曳滑块或者单击"结果"色块设置替换颜色，如图 7-43 所示。

图 7-43

图 7-44、图 7-45 所示为应用替换颜色前后的对比效果。

图 7-44

图 7-45

7.3　调整特殊图像

在 Photoshop 中可以通过去色、黑白、反相、阈值及渐变映射对图像进行特殊调整。

7.3.1　去色

去色即去掉图像的颜色，将图像中的所有颜色的饱和度变为 0，使图像显示为灰色，但每个像素的亮度不会改变。执行"图像>调整>去色"命令或按 Shift+Ctrl+U 组合键，对图像进行去色操作。图 7-46、图 7-47 所示为图像去色前后的对比效果。

图 7-46

图 7-47

7.3.2　黑白

为图像添加"黑白"调整图层能将彩色图像轻松转换为黑白图像。执行"图像>调整>黑白"命令，弹出"黑白"对话框，如图 7-48 所示。

图 7-48

勾选"色调"复选框，为图像添加单色效果，如图 7-49、图 7-50 所示。

图 7-49 图 7-50

7.3.3 反相

通过反相可以反转图像中的颜色，制作出负片效果。执行"图像>调整>反相"命令或按 Ctrl+I 组合键，对图像进行反相操作。图 7-51、图 7-52 所示为图像反相前后的对比效果。

图 7-51 图 7-52

7.3.4 阈值

通过阈值可以将灰度或彩色图像转换为高对比的黑白图像，比阈值亮度高的像素会被转换为白色，比阈值亮度低的像素会被转换为黑色。执行"图像>调整>阈值"命令，弹出"阈值"对话框，如图 7-53 所示。

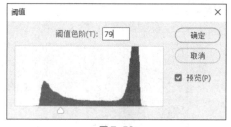

图 7-53

⊕ **[实操 7-3] 制作版画效果**

[实例资源]\第 7 章\制作版画效果.psd

STEP 1 将素材文件在 Photoshop 中打开，如图 7-54 所示。

STEP 2 按 Ctrl+J 组合键复制图层，执行"图像>调整>阈值"命令，在弹出的"阈值"对话框中进行设置，如图 7-55 所示。

7-3 制作版画
效果

图 7-54

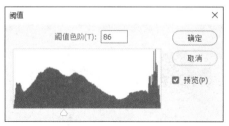

图 7-55

STEP 3 调整图像效果，如图 7-56 所示。

STEP 4 按 Ctrl+J 组合键复制"背景"图层，调整图层堆叠顺序，如图 7-57 所示。

图 7-56

图 7-57

STEP 5 执行"图像>调整>阈值"命令，在弹出的对话框中进行设置，如图 7-58 所示。

STEP 6 调整不透明度为"60%"，效果如图 7-59 所示。

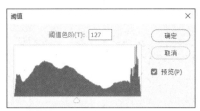

图 7-58

图 7-59

STEP 7 按 Ctrl+J 组合键复制"背景"图层，调整复制出的图层至最顶层，执行"图像>调整>阈值"命令，在弹出的"阈值"对话框中进行设置，如图 7-60 所示。

STEP 8 调整不透明度为"50%"，效果如图 7-61 所示。

图 7-60   图 7-61

7.3.5 渐变映射

通过渐变映射能将图像转换为灰度图像，将相等的图像灰度映射到指定的渐变填充色，渐变映射不能应用于没有任何像素的完全透明图层。执行"图像>调整>渐变映射"命令，弹出"渐变映射"对话框，如图 7-62 所示。

图 7-62

图 7-63、图 7-64 所示为图像应用渐变映射前后的对比效果。

图 7-63

图 7-64

⊕ 应用秘技

默认情况下，图像的阴影、中间调和高光分别映射到渐变填充色的起始（左端）颜色、中点颜色和结束（右端）颜色。

7.4 实战演练——制作胶片质感图像

7-4 制作胶片质感图像

本实战演练将制作胶片质感图像，读者应综合运用本章所学知识点，熟练掌握并巩固调色命令的应用方法。

1. 实战目标

本实战演练将创建调整图层，制作胶片质感的图像，参考效果如图 7-65、图 7-66 所示。

图 7-65

图 7-66

2. 操作思路

掌握创建调整图层的使用方法，下面开始实战演练。

STEP 1 打开图像文件，复制图层，执行"滤镜＞杂色＞添加杂色"命令，在弹出的"添加杂色"对话框中选中"高斯分布"单选按钮，勾选"单色"复选框，为图像添加"杂色"滤镜，如图 7-67 所示。

STEP 2 依次创建调整图层，如图 7-68 所示。

图 7-67

图 7-68

STEP 3 调整图像效果，如图 7-69 所示。

STEP 4 创建黑白径向渐变填充调整图层，为图像添加暗角效果，如图 7-70 所示。

图 7-69

图 7-70

知识拓展

Q1　色彩三元素是什么？

A1　色彩三元素，即色相、明度、纯度（也称饱和度）。

- 色相指每种色彩的相貌、名称，是区分色彩的主要依据，也是色彩的重要特征。
- 明度指色彩的明暗差别，即色彩亮度。
- 纯度指色彩中包含的单种标准色成分的多少。纯色的色感强，即色度强，所以纯度亦是色彩感觉强弱的标志。

Q2　执行调色命令调色与创建调整图层调色有何区别？

A2　执行"图像＞调整"命令，在弹出的子菜单中执行相应命令调色，会对图像应用破坏性调整并扔掉图像信息，从而导致无法恢复原始图像。通过调整图层调色是非破坏性的、可逆的，可在"属性"面板中反复修改。

Q3　色相饱和度与自然饱和度有何区别？

A3　通过色相饱和度可以对色相、饱和度、明度（色彩的三大属性）进行调整，也可以选择单一通道进行调整。调节自然饱和度，不会生成饱和度过高或过低的颜色，而是会始终保持一个比较平衡的色调。此方法适用于调节人像。

Q4　去色与黑白有何区别？

A4　去色可以直接去掉图像中所有颜色，只保留黑白灰，如图 7-71 所示。黑白则可以调整各个颜色在黑白图像中的亮度，调整效果更好，如图 7-72 所示。

图 7-71

图 7-72

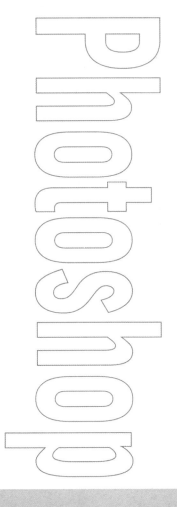

第 8 章
图像合成的必要元素

本章主要对 Photoshop 中图像合成的必要元素——通道和蒙版进行讲解，包括通道与蒙版的类型，通道与蒙版的创建，通道的复制、删除、分离、合并与计算，蒙版的转移、复制、停用、启用，蒙版与选区的运算等。

课堂学习目标

- 认识通道与蒙版
- 掌握通道的创建与编辑方法
- 掌握蒙版的创建与编辑方法

8.1 认识通道

利用通道可以存储不同类型的图像信息，并制作出复杂的选区。另外，调整通道还可以改变图像的颜色。

8.1.1 通道的类型

不管哪种图像模式，都有属于自己的通道，且通道的数量也各不相同。通道主要分为颜色通道、专色通道、Alpha 通道和临时通道。

1. 颜色通道

颜色通道是在打开新图像时自动创建的。RGB 颜色模式的通道有 RGB、红、绿、蓝 4 种。CMYK 颜色模式的通道有 CMYK、青色、洋红、黄色、黑色 5 种。Lab 颜色模式通道有 Lab、明度、a、b 4 种。

2. 专色通道

专色通道是特殊的预混油墨通道，常用来替代或补充印刷色油墨，以便更好地体现图像效果。专色通道常用于需要专色印刷的印刷品。专色可以局部使用，也可作为一种色调应用于整个图像中，如画册中常见的纯红色、蓝色及证书中的烫金、烫银效果等。

3. Alpha 通道

Alpha 通道又叫透明通道，可以用来创建和存储蒙版，这些蒙版用于处理或保护图像的某些部分。

4. 临时通道

临时通道是"通道"面板中暂时存在的通道。在创建图层蒙版或快速蒙版时，通道中会自动生成临时蒙版。

8.1.2 通道面板

执行"窗口>通道"命令，打开"通道"面板，如图 8-1 所示。该面板中展示了当前图像文件的颜色模式及相应的通道。

图 8-1

该面板中主要选项的功能介绍如下。

- 通道可见性 ：该按钮为 形状时，图像编辑窗口会显示该通道的图像；单击该按钮后，该按钮变为 形状，图像编辑窗口会隐藏该通道的图像。
- 将通道作为选区载入 ：单击该按钮，可将当前通道快速转换为选区。

- 将选区存储为通道 ▢ : 单击该按钮,可将选区之外的图像转换为蒙版,并将选区保存在新建的 Alpha 通道中。
- 创建新通道 ⊞ : 单击该按钮,可创建一个新的 Alpha 通道。
- 删除当前通道 ⬚ : 单击该按钮,可删除当前通道。

8.2　通道的创建和编辑

通道的创建和编辑主要包括通道的创建、复制/删除、分离/合并及计算。

8.2.1　创建通道

一般情况下,在 Photoshop 中新建的通道是保存选区信息的 Alpha 通道,可以更加方便地对图像进行编辑。创建通道分为创建 Alpha 通道和创建专色通道两种。

1. 创建 Alpha 通道

Alpha 通道主要用于对选区进行存储、编辑与调用。单击"通道"面板底部的"创建新通道"按钮 ⊞ ,或单击面板右上角的菜单按钮 ≡ ,在弹出的面板菜单中执行"新建通道"命令,弹出"新建通道"对话框,如图 8-2 所示。在该对话框中设置新通道的名称等,完成后单击"确定"按钮即可新建 Alpha 通道,如图 8-3 所示。

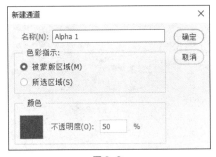

图 8-2

图 8-3

"新建通道"对话框中主要选项的功能介绍如下。
- 名称:用于设置新通道的名称,默认名称为"Alpha1"。
- 色彩指示:用于确认新建通道颜色的显示方式。选中"被蒙版区域"单选按钮,表示新建通道中的黑色区域代表蒙版区,白色区域代表保存的选区;选中"所选区域"单选按钮,则刚好相反。
- 颜色:单击色块,将弹出"拾色器(通道颜色)"对话框,在其中可以设置用于蒙版显示的颜色。

2. 创建专色通道

专色通道是一类较为特殊的通道,可以使用除青色、洋红、黄色和黑色以外的颜色来绘制图像。单击"通道"面板右上角的菜单按钮 ≡ ,在弹出的面板菜单中执行"新建专色通道"命令,弹出"新建专色通道"对话框,如图 8-4 所示。在该对话框中设置专色通道的名称和颜色,完成后单击"确定"按钮即可新建专色通道,如图 8-5 所示。

图 8-4

图 8-5

8.2.2　复制与删除通道

若要对通道中的选区进行编辑，可以先复制该通道的内容，以免编辑后不能还原。

1. 复制通道

复制通道主要有以下两种方法。

- 选择目标通道，将其拖曳至"创建新通道"按钮 回 上，如图 8-6 所示。
- 选择目标通道，单击鼠标右键，在弹出的菜单中执行"复制通道"命令，如图 8-7 所示。

图 8-6

图 8-7

2. 删除通道

在操作过程中，可将不需要的通道删除。删除通道主要有以下两种方法。

- 选择目标通道，将其拖曳至"删除通道"按钮 🗑 上。
- 选择目标通道，单击鼠标右键，在弹出的菜单中执行"删除通道"命令。

8.2.3　分离与合并通道

在 Photoshop 中，可以分离或者合并通道。通过分离通道，可将一个图像文件中的各个通道以单个独立文件的形式进行存储。通过合并通道，可以将分离的通道合并在一个图像文件中。

1. 分离通道

分离通道是指将通道中的颜色或选区信息分别存放在独立的图像中。分离通道后，也可对单个通道中的图像进行操作。

在 Photoshop 中打开需要分离通道的图像文件，如图 8-8 所示。在"通道"面板中单击右上角的菜单按钮 ≡，在弹出的面板菜单中执行"分离通道"命令，如图 8-9 所示。

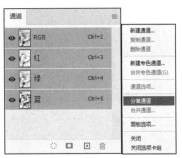

图 8-8　　　　　　　　　　　　　　　　　　　图 8-9

此时 Photoshop 会自动将图像分离为"红""绿""蓝"3 个独立的图像，如图 8-10、图 8-11、图 8-12 所示。

图 8-10　　　　　　　　　　图 8-11　　　　　　　　　　图 8-12

2．合并通道

合并通道是指将分离后的通道重新组合成一个新图像文件。通道的合并类似于简单的通道计算，能同时将两幅或多幅图像经过计算后合并为一个图像文件。

在分离后的图像中，任选一张灰度图像，单击"通道"面板右上角的菜单按钮 ，在弹出的面板菜单中执行"合并通道"命令，如图 8-13 所示。弹出"合并通道"对话框，在该对话框中进行设置，如图 8-14 所示。单击"确定"按钮，弹出"合并 RGB 通道"对话框，如图 8-15 所示。分别对"红色""绿色""蓝色"通道进行设置，单击"确定"按钮即可合并选择的通道。

图 8-13　　　　　　　　　　　图 8-14　　　　　　　　　　　图 8-15

需要合并通道的图像文件的大小和分辨率必须相同，否则无法进行通道合并。

8.2.4 计算通道

通道的计算是指将两个来自同一或多个源图像的通道以一定的模式进行混合，通过通道计算能将一幅图像融合到另一幅图像中，从而快速得到富于变幻的图像效果。Alpha 通道同样可以利用计算的方法来制作出新的选区图像通道，实现各种复杂的效果。

打开一张图像作为背景，如图 8-16 所示。执行"文件>置入嵌入图像"命令置入图像，如图 8-17 所示。

图 8-16 　　　　　　　　　　　　　　图 8-17

执行"图像>计算"命令，弹出"计算"对话框，在其中进行设置，如图 8-18 所示。单击"通道"面板中"RGB"前的 按钮显示通道，此时会显示出融合后的图像效果，如图 8-19 所示。

图 8-18 　　　　　　　　　　　　　　图 8-19

⊕ [实操 8-1] 使用通道抠取水滴

[实例资源]\第 8 章\使用通道抠取水滴.psd

STEP 1 将素材文件在 Photoshop 中打开，如图 8-20 所示。

8-1 使用通道
抠取水滴

STEP 2 执行"窗口>通道"命令，打开"通道"面板，观察几个通道，"蓝"通道的对比最明显，所以将"蓝"通道拖曳至"创建新通道"按钮 上复制该通道，如图 8-21 所示。

STEP 3 按 Ctrl+L 组合键，在弹出的"色阶"对话框中，单击"从图像中取样以设置黑场"按钮 ，吸取背景颜色，加强背景与水滴的对比，如图 8-22、图 8-23 所示。

STEP 4 选择"加深工具" ，在属性栏中进行设置，如图 8-24 所示。

STEP 5 涂抹画面灰色部分，如图 8-25 所示。

STEP 6 按住 Ctrl 键单击"蓝 拷贝"通道缩览图，载入选区，如图 8-26 所示。

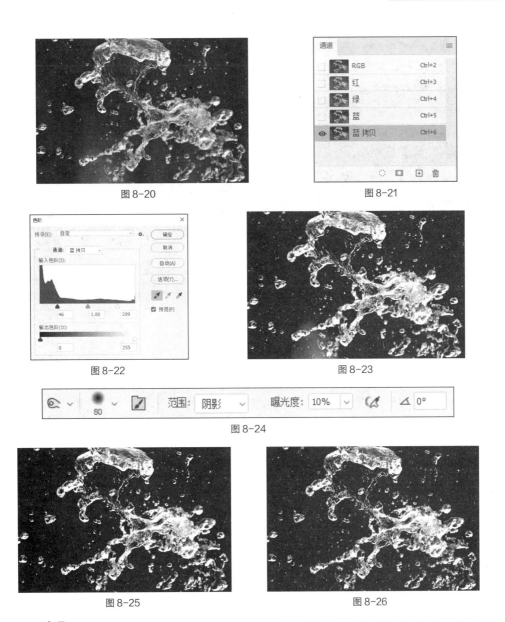

图 8-20　　　　　　　　　　　　图 8-21

图 8-22　　　　　　　　　　　　图 8-23

图 8-24

图 8-25　　　　　　　　　　　　图 8-26

STEP 7 单击"图层"面板底部的"添加图层蒙版"按钮，为图层添加蒙版，如图 8-27、图 8-28 所示。

图 8-27

图 8-28

STEP 8 将素材文件在 Photoshop 中打开，如图 8-29 所示。

STEP 9 调整图层堆叠顺序，如图 8-30 所示。

图 8-29

图 8-30

8.3 认识蒙版

利用蒙版可以将一部分图像区域保护起来。更改蒙版可以对图层应用各种效果，而不会影响该图层上的图像。

8.3.1 蒙版的常见类型

使用蒙版编辑图像的过程是可逆的，可以避免由误操作造成的不可挽回的损失。蒙版类型主要有快速蒙版、矢量蒙版、图层蒙版及剪贴蒙版。

1. 快速蒙版

快速蒙版是一种临时性的蒙版，会暂时在图像表面产生一种与保护膜类似的保护装置，常用于帮助用户快速得到精确的选区。

2. 矢量蒙版

矢量蒙版通过形状控制图像的显示区域，只能作用于当前图层。其本质为使用路径制作蒙版，遮盖路径覆盖的图像区域，显示无路径覆盖的图像区域。

3. 图层蒙版

图层蒙版大大方便了对图像的编辑。它并不是直接编辑图层中的图像，而是通过使用绘图工具在蒙版上涂抹，控制图层区域的显示或隐藏，常用于合成图像。

4. 剪贴蒙版

剪贴蒙版使用下方图层的形状来限制上方图层的显示状态。剪贴蒙版由两部分组成：一部分为基础层，用于定义显示图像的范围或形状；另一部分为内容层，用于存放将要表现的图像内容。

8.3.2 蒙版的属性面板

在"图层"面板中单击"添加图层蒙版"按钮，执行"窗口>属性"命令，打开"属性"面板，如图 8-31 所示。

该面板中主要选项的功能介绍如下。

图 8-31

- 添加像素蒙版／添加矢量蒙版：单击"添加像素蒙版"按钮，将为当前图像添加一个像素蒙版；单击"添加矢量蒙版"按钮，将为当前图层添加一个矢量蒙版。

- 密度：该选项类似于图层的不透明度，用于控制蒙版的不透明度，也就是蒙版遮盖图像的强度。
- 羽化：用于控制蒙版边缘的柔化程度。数值越大，蒙版边缘越柔和；数值越小，蒙版边缘越生硬。
- 选择并遮住：单击该按钮，可在弹出的"属性"对话框中修改蒙版边缘。
- 颜色范围：单击该按钮，可在弹出的"色彩范围"对话框中修改"颜色容差"来调整蒙版的边缘范围。
- 反相：单击该按钮，可反转蒙版的遮盖区域，将蒙版中黑色部分变成白色、白色部分变成黑色，未遮盖的图像将调整为负片。
- 从蒙版中载入选区 ⊙：单击该按钮，将从蒙版中生成选区，按住 Ctrl 键单击蒙版缩览图，也可以载入蒙版的选区。
- 应用蒙版 ✦：单击该按钮，会将蒙版应用到图像中，同时删除蒙版及被蒙版遮盖的区域。
- 停用/启用蒙版 ◉：单击该按钮，将停用或重新启用蒙版。
- 删除蒙版 🗑：单击该按钮，将删除当前选择的蒙版。

8.4　蒙版的创建和编辑

蒙版的创建和编辑主要包括蒙版的创建、转移/复制、停用/启用、蒙版和选区的运算等。

8.4.1　创建蒙版

在 Photoshop 中可根据需要创建不同的蒙版。

1. 创建快速蒙版

快速蒙版主要用于快速处理当前选区，不会生成相应附加图层。

单击工具箱底部的"以快速蒙版模式编辑"按钮 ▣ 或者按 Q 键，进入快速蒙版编辑状态，选择"画笔工具" ✎，适当调整画笔大小，在图像中需要添加快速蒙版的区域涂抹，涂抹后的区域呈半透明红色显示，如图 8-32 所示。按 Q 键退出快速蒙版，并建立选区，如图 8-33 所示。

图 8-32

图 8-33

2. 创建矢量蒙版

矢量蒙版可以通过"钢笔工具" ✒ 或形状工具绘制路径来创建。选择"钢笔工具" ✒ 并绘制路径，如图 8-34 所示。执行"图层>矢量蒙版>当前路径"命令，即可创建矢量蒙版，如图 8-35 所示。

图 8-34 | 图 8-35

3. 创建图层蒙版

设置添加蒙版的图层为当前图层，单击"图层"面板底部的"添加蒙版"按钮 ▢ ，设置前景色为黑色，选择"画笔工具" ✎ 在图层蒙版上绘制。在花盆图层上新建图层蒙版，如图 8-36 所示。利用"画笔工具" ✎ 擦除多余的背景，只保留花盆部分的效果，如图 8-37 所示。

图 8-36 | 图 8-37

4. 创建剪贴蒙版

使用剪贴蒙版能够在不影响原图的情况下有效地完成剪贴制作。蒙版中的基础层名称带有下画线，内容层的缩览图是缩进的。

创建剪贴蒙版主要有以下两种方法。

- 在"图层"面板中按住 Alt 键，将鼠标指针移动至两图层间的分隔线上，当鼠标指针变为 ⬒ 形状时单击，如图 8-38 所示。
- 在"图层"面板中选择内容层，按 Ctrl+Alt+G 组合键，如图 8-39 所示。

图 8-38 | 图 8-39

释放剪贴蒙版主要有以下两种方法。

- 按 Ctrl+Alt+G 组合键。
- 选择内容层，单击鼠标右键，在弹出的菜单中执行"释放剪贴蒙版"命令。

＋ **[实操 8-2] 窗外的世界**

8-2 窗外的世界

[实例资源]\第 8 章\窗外的世界.psd

STEP 1 将素材文件在 Photoshop 中打开，如图 8-40 所示。

STEP 2 选择"弯度钢笔工具" 绘制选区，如图 8-41 所示。

图 8-40　　　　　　　　　　　　　　　图 8-41

STEP 3 按 Ctrl+Enter 组合键创建选区，按 Ctrl+J 组合键复制选区，如图 8-42 所示。

STEP 4 将素材图像在 Photoshop 中打开，如图 8-43 所示。

图 8-42　　　　　　　　　　　　　　　图 8-43

STEP 5 按 Ctrl+Alt+G 组合键创建剪贴蒙版，调整其位置，如图 8-44、图 8-45 所示。

图 8-44　　　　　　　　　　　　　　　图 8-45

8.4.2　转移与复制蒙版

蒙版可以在不同的图层中进行转移或复制，两种操作得到的图像效果是完全不同的。

1. 转移蒙版

若要转移蒙版，只需将蒙版拖曳到其他图层即可，如图 8-46、图 8-47 所示。

图 8-46

图 8-47

2. 复制蒙版

按住 Alt 键拖曳蒙版到其他图层即可复制蒙版，如图 8-48、图 8-49 所示。

图 8-48

图 8-49

（+）应用秘技

删除蒙版有以下两种方法。

- 在"图层"面板中的蒙版缩览图上单击鼠标右键，在弹出的菜单中执行"删除图层蒙版"命令，如图 8-50、图 8-51 所示。
- 拖曳图层蒙版的缩览图到"删除图层"按钮 🗑 上，释放鼠标。

图 8-50

图 8-51

8.4.3　停用与启用蒙版

通过停用和启用蒙版可以对图像使用蒙版前后的效果进行对比。

1. 停用蒙版

停用蒙版有以下两种方法。

- 用鼠标右键单击图层蒙版缩览图，在弹出的菜单中执行"停用图层蒙版"命令。
- 按住 Shift 键单击图层蒙版缩览图。

停用蒙版后，蒙版缩览图中会出现一个红色的"×"标记，如图 8-52 所示。

2. 启用蒙版

重新启用蒙版有以下两种方法。

- 用鼠标右键单击图层蒙版缩览图，在弹出的菜单中执行"启用图层蒙版"命令。
- 按住 Shift 键单击图层蒙版缩览图，如图 8-53 所示。

图 8-52　　　　　　　　　　图 8-53

8.4.4　蒙版和选区的运算

用鼠标右键单击图层蒙版缩览图，弹出的菜单中有 3 个蒙版和选区运算的命令，如图 8-54 所示。

图 8-54

1. 添加蒙版到选区

若当前图像中没有选区，执行"添加蒙版到选区"命令，可以载入图层蒙版到选区；若当前图像中存在选区，则可以将蒙版的选区添加到当前选区中。

2. 从选区中减去蒙版

若当前图像中存在选区，执行"从选区中减去蒙版"命令，可以从当前选区中减去蒙版的选区。

3. 蒙版与选区交叉

若当前图像中存在选区，执行"蒙版与选区交叉"命令，可以得到当前选区与蒙版选区的交叉区域。

8.5 实战演练——制作双重曝光海报

8-3 制作双重曝
光海报

本实战演练将制作双重曝光海报，读者应综合运用本章所学知识点，熟练掌握并巩固通道和蒙版的应用与绘制方法。

1. 实战目标

本实战演练将使用通道和蒙版及图层样式制作双重曝光海报，参考效果如图 8-55 所示。

图 8-55

2. 操作思路

掌握使用通道抠图的方法，下面结合蒙版、渐变工具、文字工具及图层样式开始实战演练。

STEP 1 打开素材图像，使用通道抠图，执行"图像＞调整＞黑白"命令，增加单色色调，新建图层并创建渐变，将其移动至底层作为背景图层，如图 8-56 所示。

STEP 2 创建黑白渐变填充图层，然后置入图像，创建蒙版并创建渐变，调整显示区域，创建剪贴蒙版并调整不透明度，如图 8-57 所示。

图 8-56

图 8-57

STEP 3 选择"横排文字工具" **T** 创建文本，然后创建投影样式，如图 8-58 所示。

STEP 4 选择"矩形工具" □ 绘制矩形，调整不透明度，如图 8-59 所示。

图 8-58

图 8-59

知识拓展

Q1 删除通道会怎样？

A1 若删除"红""绿""蓝"3 个通道中的任意通道，那么"RGB"通道也会被删除，如图 8-60、图 8-61 所示。在只有默认通道的状态下，"RGB"通道才不会被删除。

图 8-60

图 8-61

Q2 为什么要创建蒙版？蒙版中的黑、白、灰分别代表什么？

A2 在编辑图像时，创建蒙版可以最大程度地保留图像的完整性。编辑完成后，停用蒙版可将图像恢复到最初状态。蒙版中的黑色表示遮盖图像，白色表示显示图像，灰色表示半透明的图像，如图 8-62、图 8-63 所示。

图 8-62

图 8-63

Q3 图层蒙版与剪贴蒙版的区别有哪些？

A3 图层蒙版作用于一个图层，只影响对象的不透明度。剪贴蒙版则作用于一组图像，除了影响对象的不透明度外，其自身的混合模式及图层样式都将对顶层图层产生影响。

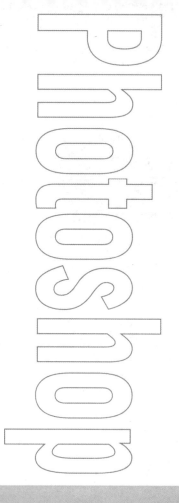

Chapter

9

第 9 章
强大的图像滤镜效果

本章主要对 Photoshop 中滤镜的知识进行讲解，包括智能对象滤镜的应用，独立滤镜组中滤镜库、自适应广角、Camera Raw 及液化等滤镜组的应用，特效滤镜组中风格化、模糊、杂色和其他滤镜的应用等。

课堂学习目标

- 认识滤镜与智能滤镜
- 掌握独立滤镜组的特点与使用方法
- 掌握特效滤镜组的特点与使用方法

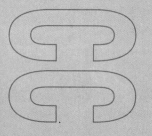

9.1　滤镜的基础知识

在 Photoshop 中，滤镜主要有两种用途：一种是创作具体的图像特效，有这种用途的主要为"风格化""素描""扭曲""艺术效果"等滤镜组；另一种是编辑图像，如减少图像杂色、提高清晰度等，有这种用途的主要为"模糊""锐化""杂色"等滤镜组。

9.1.1　认识滤镜

Photoshop 中所有的滤镜都可以在"滤镜"菜单中找到。展开"滤镜"菜单，其中有多个滤镜，可执行一次或多次滤镜命令，为图像添加不一样的效果，如图 9-1 所示。

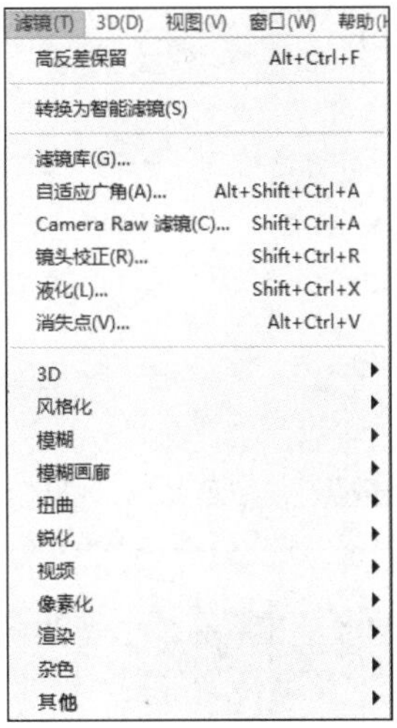

滤镜(T)　3D(D)　视图(V)　窗口(W)　帮助(	
高反差保留	Alt+Ctrl+F
转换为智能滤镜(S)	
滤镜库(G)...	
自适应广角(A)...	Alt+Shift+Ctrl+A
Camera Raw 滤镜(C)...	Shift+Ctrl+A
镜头校正(R)...	Shift+Ctrl+R
液化(L)...	Shift+Ctrl+X
消失点(V)...	Alt+Ctrl+V
3D	▶
风格化	▶
模糊	▶
模糊画廊	▶
扭曲	▶
锐化	▶
视频	▶
像素化	▶
渲染	▶
杂色	▶
其他	▶

图 9-1

该菜单中主要命令的功能介绍如下。
- 第一栏：显示的是最近使用过的滤镜。
- 第二栏："转换为智能滤镜"命令可以整合多个不同的滤镜，并对滤镜效果进行调整和修改，让图像的处理过程更智能化。
- 第三栏：独立的特殊滤镜。
- 第四栏：滤镜组，每个滤镜组中又包含多个滤镜。

若安装了外挂滤镜，会出现在"滤镜"菜单底部。

9.1.2　智能对象滤镜

应用于智能对象的任何滤镜都是智能滤镜，因为智能滤镜可以调整、移去或隐藏，所以属于非破坏性滤镜。

若要应用智能对象滤镜，先要将目标图层转换为智能对象图层。在目标图层上单击鼠标右键，在弹出的菜单中执行"编辑智能滤镜混合选项"命令，如图 9-2 所示。在弹出的对话框中可调整滤镜的"模式"和"不透明度"，如图 9-3 所示。执行"编辑智能滤镜"命令，可更改滤镜的设置。

图 9-2   图 9-3

9.2 应用独立滤镜组

独立滤镜组不包含任何滤镜子菜单，可直接使用，包括"滤镜库""自适应广角""Camera Raw 滤镜""镜头校正""液化""消失点"等滤镜。

9.2.1 多种效果的滤镜库

滤镜库以缩览图的形式，列出了"风格化""画笔描边""扭曲""素描""纹理""艺术效果"等滤镜组中的一些常用滤镜。在实际操作过程中，可以为当前图像多次应用单个滤镜，也可以同时应用多个滤镜。执行"滤镜>滤镜库"命令，选择"石膏效果"，即可弹出"石膏效果"的滤镜对话框，如图 9-4 所示。

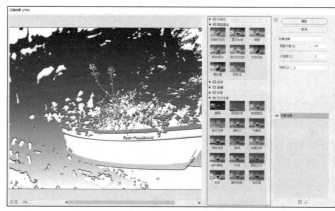

图 9-4

该对话框中主要选项的功能介绍如下。

- 预览区：在预览区中可预览图像的变化效果，单击底部的 □⊞ 按钮，可缩小或放大预览区中的图像。
- 滤镜组：该区域中显示了"风格化""画笔描边""扭曲""素描""纹理""艺术效果"6 组滤镜，单击每组滤镜左侧的三角形按钮可展开该滤镜组，显示该组中包含的具体滤镜。
- 显示/隐藏滤镜缩览图 ⊠：单击该按钮可隐藏或显示滤镜缩览图。
- 参数设置区：在参数设置区中可设置当前所应用滤镜的各种选项。
- 选择滤镜显示区域：单击某一个滤镜效果图层，将选择该滤镜，其他的属于已应用但未选择的滤镜。

- 隐藏滤镜◉：单击效果图层左侧的◉按钮，可隐藏滤镜效果，再次单击，将显示被隐藏的滤镜效果。
- 新建效果图层⊡：若要同时使用多个滤镜，可以单击该按钮，新建一个效果图层，从而实现多滤镜的叠加使用。
- 删除效果图层⊟：选择一个效果图层后，单击该按钮即可将其删除。

应用秘技

滤镜库中只包含一部分滤镜效果，如"模糊"滤镜组和"像素化"滤镜组等都不在滤镜库中。

滤镜库中的 6 组滤镜介绍如下。

1. 风格化

滤镜库中只收录了一种风格化滤镜效果：照亮边缘。使用该滤镜能让图像产生比较明亮的轮廓线，形成一种类似于霓虹灯的亮光效果。

2. 画笔描边

"画笔描边"滤镜组用于模拟不同的画笔或油墨笔刷效果，可以使图像产生手绘效果。使用这些滤镜可以使图像增加颗粒、绘画、杂色、边缘细线或纹理，得到点画效果。"画笔描边"滤镜组中各滤镜的功能描述如表 9-1 所示。

表 9-1

名称	功能描述
成角的线条	该滤镜用于模拟倾斜的笔刷效果，使用两种角度的线条对图像进行描绘。其中，一个方向的线条用于绘制图像的亮区，另一个相反方向的线条用于绘制图像的暗区
墨水轮廓	该滤镜采用钢笔画的风格，用纤细的线条在原图细节上重绘图像，能使图像的边界产生类似于油墨勾绘的效果
喷溅	该滤镜用于为图像添加一种类似于笔墨喷溅的艺术效果
喷色描边	该滤镜和"喷溅"滤镜效果相似，可以产生往画面上喷水后形成的效果，有一种被雨水打湿的视觉效果，还可以产生斜纹飞溅的效果
强化的边缘	该滤镜可对图像的边缘进行强化处理，设置低的边缘亮度控制值时，强化效果类似于黑色油墨，设置高的边缘亮度控制值时，强化效果类似于白色粉笔
深色线条	该滤镜通过用短而密的线条来绘制图像中的深色区域，用长而白的线条来绘制图像中颜色较浅的区域，从而产生一种很强的黑色阴影效果
烟灰墨	该滤镜通过计算图像中像素值的分布，对图像进行概括性的描述，进而产生用饱含黑色墨水的画笔在宣纸上绘画的效果。该滤镜也被称为书法滤镜
阴影线	该滤镜可以产生具有十字交叉线网格的图像,如同在粗糙的画布上使用笔刷画出十字交叉线的效果，给人一种编织的感觉

3. 扭曲

"扭曲"滤镜组用于对图像进行扭曲处理。该组中收录了 3 种扭曲滤镜效果："玻璃""海洋波纹""扩散亮光"。"扭曲"滤镜组中各滤镜的功能描述如表 9-2 所示。

表 9-2

名称	功能描述
玻璃	使用该滤镜能模拟透过玻璃观看图像的效果

续表

名称	功能描述
海洋波纹	该滤镜能为图像表面增加随机间隔的波纹，使图像产生类似于海洋表面的波纹效果
扩散亮光	该滤镜能使图像产生光热弥漫的效果，常用于表现强烈光线和烟雾效果

4. 素描

"素描"滤镜组中的滤镜用于为图像增加纹理，模拟素描、速写等艺术效果，也可以在图像中加入底纹而产生三维效果。"素描"滤镜组中各滤镜的功能描述如表 9-3 所示。

表 9-3

名称	功能描述
半调图案	该滤镜用于在保持连续的色调范围的同时，模拟半调网屏的效果
便条纸	该滤镜用于使图像呈现类似于浮雕的凹陷压印图案，其中前景色作为凹陷部分，而背景色作为凸起部分
粉笔和炭笔	该滤镜用于模拟粉笔和炭笔效果，可以重绘图像的高光和中间色调，其背景为用粗糙粉笔绘制的纯中间色调，阴影区域用黑色对角炭笔线条替换。其中，炭笔效果用前景色绘制，粉笔效果用背景色绘制
铬黄渐变	该滤镜用于将图像处理成类似于磨光的铬的表面的效果，高光在反射表面上是高点，暗调则是低点
绘图笔	该滤镜使用细的、线状的油墨描边以获取原图中的细节，多用于对扫描图像进行描边。该滤镜使用前景色作为油墨，使用背景色作为纸张，以替换原图中的颜色
基底凸现	该滤镜用于使图像产生浅浮雕式的雕刻状和在光照下变幻各异的表面。图像的暗区使用前景色绘制，浅色部分使用背景色绘制。该滤镜主要用于制作粗糙的浮雕效果
石膏效果	该滤镜用于使图像呈现石膏画效果，并使用前景色和背景色上色，暗区凸起，亮区凹陷
水彩画纸	该滤镜用于使图像产生类似于绘制在潮湿的纤维纸上的渗色涂抹效果，使颜色溢出并混合，是"素描"滤镜组中唯一能大致保持原图色彩的滤镜
撕边	该滤镜用于模拟撕破的纸张效果，在其使用过程中会用前景色与背景色为图像着色。对于由文字或高对比度对象组成的图像尤其有用
炭笔	该滤镜用于使图像产生色调分离的、涂抹的炭笔画效果，主要边缘用粗线条绘制，中间色调用对角描边素描。炭笔使用前景色，纸张使用背景色
炭精笔	该滤镜用于模拟图像中纯黑和纯白的炭精笔纹理效果。暗部区域使用前景色，亮部区域使用背景色
图章	该滤镜用于简化图像，突出主体，使图像产生用橡皮或木质图章印章的效果，用于黑白图像时效果最佳
网状	该滤镜用于模拟胶片药膜的可控收缩和扭曲的图像效果，使图像在暗调区域呈结块状，在高光区域呈轻微颗粒化
影印	该滤镜用于模拟影印图像的效果。大的暗区趋向于只复制边缘四周，而中间色调要么是纯黑色，要么是纯白色

应用秘技

前景色和背景色的设置将对该组滤镜的效果起决定性作用。

5. 纹理

"纹理"滤镜组用于为图像添加深度感或材质感，主要功能是在图像中添加各种纹理。"纹理"滤镜组中各滤镜的功能描述如表 9-4 所示。

表 9-4

名称	功能描述
龟裂缝	该滤镜用于模拟龟裂的效果，使用该滤镜可以对包含多种颜色值或灰度值的图像创建浮雕效果
颗粒	该滤镜主要用于在图像中创建不同类型的颗粒纹理
马赛克拼贴	使用该滤镜可使图像看起来是由若干小碎片拼贴组成的
拼缀图	该滤镜用于将图像拆分成多个规则排列的小方块，并选用图像中的颜色对小方块进行填充，以产生一种类似于建筑拼贴瓷砖的效果
染色玻璃	该滤镜用于将图像分割成不规则的多边形色块，然后用前景色勾画其轮廓，产生一种视觉上的彩色玻璃效果
纹理化	该滤镜用于为图像添加预设的纹理或自定义的纹理，使图像看起来富有质感。该滤镜用于处理含有文字的图像，使文字呈现出比较丰富的特殊效果

6. 艺术效果

"艺术效果"滤镜组可用于模拟现实生活中的效果，常用来制作绘画效果或特殊效果，可以为作品添加艺术特色。该类滤镜只能应用于 RGB 颜色模式的图像。"艺术效果"滤镜组中各滤镜的功能描述如表 9-5 所示。

表 9-5

名称	功能描述
壁画	该滤镜可用于模拟水彩壁画的效果，其用短、圆与粗略轻涂的绘制效果，以一种粗糙的风格绘制图像
彩色铅笔	该滤镜可用于模拟使用彩色铅笔在纯色背景上绘制图像的效果。其中，纯色背景采用工具栏中的背景色绘制，在图像中较平滑的区域显示出来。图像中较明显的边缘被保留并带有粗糙的阴影线外观
粗糙蜡笔	使用该滤镜可使图像呈现出类似于彩色蜡笔在带纹理的背景上描边的效果，产生一种不平整、带有浮雕感的纹理。在深色区域，纹理比较明显；在浅色区域，几乎看不见纹理
底纹效果	使用该滤镜可以产生一种纹理描绘的效果
干画笔	该滤镜可模拟使用干画笔技术（介于水彩和油彩之间）绘制图像边缘的效果。它会将图像的颜色范围降低至普通颜色范围，以此来简化图像
海报边缘	该滤镜可以自动追踪图像中颜色变化剧烈的区域，并在图像的边缘绘制黑色线条
海绵	该滤镜可用于模拟现实生活中使用海绵在图像上添加浸湿的效果，从而使图像带有强烈的对比效果
绘画涂抹	该滤镜可以通过多种类型和大小（1~50）的画笔来创建涂抹效果
胶片颗粒	该滤镜用于使图像产生一种布满黑色颗粒的效果
木刻	该滤镜用于使图像产生由粗糙剪切的彩纸组成图像的效果，高对比度的图像看起来像黑色剪影，而彩色图像看起来像由几层彩纸构成

续表

名称	功能描述
霓虹灯光	该滤镜用于模拟霓虹灯光的效果，将各种类型的光添加到图像中各对象上。这在柔化图像外观并为图像着色时很有效
水彩	该滤镜主要用于模拟水彩画的效果，即以水彩的风格绘制图像，简化图像细节
塑料包装	该滤镜用于使图像产生表面质感强烈并富有立体感的塑料包装效果
调色刀	该滤镜用于使图像中相近的颜色相互融合，减少细节以产生写意效果
涂抹棒	该滤镜可产生使用粗糙物体在图像上涂抹的效果，能够模拟在纸上使用粉笔或蜡笔涂抹的效果

9.2.2 校正广角变形——自适应广角滤镜

"自适应广角"滤镜可以校正使用广角镜头拍摄而造成的镜头扭曲，可以快速拉直采用鱼眼镜头和广角镜头拍摄的全景图中看起来弯曲的线条。执行"滤镜>自适应广角"命令，弹出"自适应广角"对话框，如图 9-5 所示。

图 9-5

该对话框中主要选项的功能介绍如下。
- 约束工具 ▶：选择该工具，单击图像或拖曳端点可添加或编辑约束，按住 Shift 键单击可添加水平或垂直约束，按住 Alt 键单击可删除约束。
- 多边形约束工具 ◇：选择该工具，单击图像或拖曳端点可添加或编辑多边形约束，单击起点可结束约束，按住 Alt 键单击可删除约束。
- 移动工具 ✛：使用该工具可以在画布中移动内容。
- 抓手工具 ✋：放大图像的显示比例后，可使用该工具移动图像，以观察图像的不同区域。
- 缩放工具 🔍：使用该工具在预览区域中单击，可放大图像的显示比例；按住 Alt 键在预览区域中单击，则可缩小图像的显示比例。

9.2.3 图像颜色处理——Camera Raw 滤镜

"Camera Raw 滤镜"不仅提供了导入和处理相机原始数据的功能，还可以用来处理 JPEG 和 TIFF 格式的文件。执行"滤镜>Camera Raw 滤镜"命令，会弹出"Camera Raw"对话框，如图 9-6 所示。

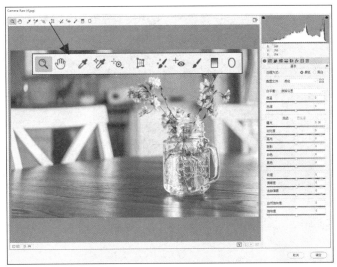

图 9-6

　　该对话框左上方的工具箱中包含 11 种工具，可用于对画面的局部调整或裁切等；右侧主要为大量的颜色调整及明暗调整选项，调整滑块可以轻松观察到画面效果的变化。

　　该对话框中主要选项的功能介绍如下。

- 白平衡工具 ✐：使用该工具在白色或灰色的图像中单击，可以校正图像的白平衡。
- 颜色取样工具 ✐：使用该工具在图像中单击，可以建立颜色取样点，对话框顶部会显示取样像素的颜色值，以便在调整时观察颜色的变化情况。
- 目标调整工具 ⁺◉：长按此按钮，在弹出的下拉列表中可选择"参数曲线""色相""饱和度""明亮度"4 个选项。选择其中一个选项后，在图像中按住鼠标左键并拖曳即可应用调整效果。
- 变换工具 🖽：调整水平方向和差值方向的平衡和透视平衡的工具。
- 污点去除 ✐：去除污点杂质，可用于修复和仿制图像。
- 红眼去除 ⁺◉：与 Photoshop 中"红眼工具" ◉ 的作用相同，可以去除红眼。
- 调整画笔 ✐：可对图像的色温、色调、颜色、对比度、饱和度、杂色等进行调整。
- 渐变滤镜 ▣：以线性渐变的方式对图像局部进行调整。
- 径向滤镜 ◯：以径向渐变的方式对图像局部进行调整。

9.2.4　修复镜头——镜头校正滤镜

　　"镜头校正"滤镜用于对各种相机与镜头的测量进行自动校正，可轻易消除桶状和枕状变形、相片周边暗角，以及边缘出现彩色光晕的色像差。执行"滤镜>镜头校正"命令，会弹出"镜头校正"对话框，如图 9-7 所示。

　　该对话框中主要选项的功能介绍如下。

- 移去扭曲工具 🖽：向中心拖曳或脱离中心以使校正失真。
- 拉直工具 🖾：绘制一条直线将图像拉直。
- 移动网格工具 🖐：移动网格，以将其与图像对齐。

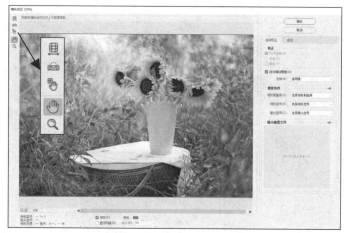

图 9-7

9.2.5 美化"神器"——液化滤镜

"液化"滤镜可用于推、拉、旋转、反射、折叠和膨胀图像的任意区域。执行"滤镜>液化"命令，会弹出"液化"对话框，该对话框中提供了液化滤镜的工具、选项和图像预览区域，如图 9-8 所示。

图 9-8

该对话框中主要选项的功能介绍如下。

- 向前变形工具 ⚙：移动图像中的像素，得到变形效果。
- 重建工具 ✎：在变形的区域单击或涂抹，可以使变形区域的图像恢复到原始状态。
- 平滑工具 ✐：用来平滑调整后的图像边缘。
- 顺时针旋转扭曲工具 ⊚：在图像中单击或拖曳，图像会被顺时针旋转扭曲，当按住 Alt 键单击时，图像会被逆时针旋转扭曲。
- 褶皱工具 ❋：在图像中单击或拖曳，可以使像素向画笔中间区域的中心移动，使图像产生收缩的效果。
- 膨胀工具 ◈：在图像中单击或拖曳，可以使像素向画笔中心区域以外的方向移动，使图像产生膨胀的效果。

- 左推工具 ∰：可以使图像产生挤压变形的效果。垂直向上拖曳时像素向左移动，向下拖曳时像素向右移动；按住 Alt 键垂直向上拖曳时像素向右移动，向下拖曳时像素向左移动；围绕对象顺时针拖曳可增加其大小，逆时针拖曳则减小其大小。
- 冻结蒙版工具 ☑：可以在预览窗口中绘制出冻结区域。在调整时，冻结区域内的图像不会受到变形工具的影响。
- 解冻蒙版工具 ☑：涂抹冻结区域能够解除该区域的冻结。
- 脸部工具 ☺：自动识别人的五官和脸型，当鼠标指针置于五官的上方时，图像中会出现调整五官脸型的线框，拖曳线框可以改变五官的位置、大小，也可以在右侧进行设置，调整人物的脸型。

[实操 9-1] 调整面部轮廓与五官

9-1 调整面部轮廓与五官

🖻 [实例资源]\第 9 章\调整面部轮廓与五官.psd

STEP 1 将素材文件在 Photoshop 中打开，按 Ctrl+J 组合键复制图层，如图 9-9 所示。

STEP 2 执行"滤镜>液化"命令，在弹出的对话框中调整"眼睛"的选项，如图 9-10 所示。

图 9-9

图 9-10

STEP 3 调整"鼻子"与"嘴唇"的选项，如图 9-11、图 9-12 所示。

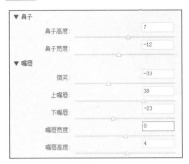

图 9-11

图 9-12

STEP 4 选择"向前变形工具" ⧉，在"画笔工具选项"中进行设置，如图 9-13 所示。

图 9-13

STEP 5 沿脸部边缘轮廓向内拖曳，调整脸部轮廓，如图 9-14、图 9-15 所示。

图 9-14

图 9-15

9.2.6 修复透视对象——消失点滤镜

"消失点"滤镜能够在保证图像透视角度不变的前提下，对图像进行绘制、仿制、复制、粘贴及变换等操作。该滤镜会自动应用透视原理，按照透视的角度和比例来自适应图像的修改，从而大大节约精确设计和修饰图像所需的时间。执行"滤镜>消失点"命令，弹出"消失点"对话框，如图 9-16 所示。

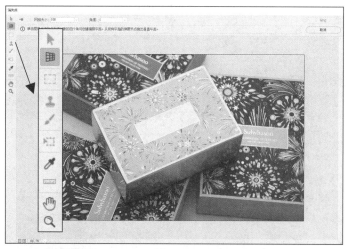

图 9-16

该对话框中主要选项的功能介绍如下。

- 编辑平面工具 ：该工具用于选择、编辑、移动平面和调整平面大小。
- 创建平面工具 ：选择该工具，单击图像中透视平面或对象的 4 个角可创建平面，还可以从现有的平面伸展节点拖出垂直平面。
- 选框工具 ：选择该工具，在图像中单击可选择该平面上的区域，按住 Alt 键拖曳选区可将选区复制到新目标，按住 Ctrl 键拖曳选区可用源图像填充该区域。
- 图章工具 ：选择该工具，在图像中按住 Alt 键单击可为仿制设置源点，然后按住鼠标左键并拖曳来绘画或仿制，按住 Shift 键单击可将描边扩展到上一次单击处。
- 画笔工具 ：选择该工具，在图像中按住鼠标左键并拖曳可进行绘画，按住 Shift 键并单击可将描边扩展到上一次单击处，选择"修复明亮度"可将绘画调整为适应阴影或纹理。
- 变换工具 ：选择该工具，可以缩放、旋转和翻转当前选区。

- 吸管工具 ![]：选择该工具，可在图像中吸取颜色，也可以单击"画笔颜色"色块，在弹出的"拾色器"对话框中设置颜色。
- 测量工具 ![]：选择该工具，可以在透视平面中测量项目中的距离和角度。

9.3　特效滤镜组

"特效"滤镜组主要包括"风格化""模糊滤镜""模糊画廊""扭曲""锐化""像素化""渲染""杂色""其他"等滤镜组，每个滤镜组中又包含多种滤镜效果。

9.3.1　风格化滤镜组

"风格化"滤镜组用于通过置换图像像素并增加其对比度，在选区中产生印象派绘画及其他风格化的效果。执行"滤镜>风格化"命令，在弹出的子菜单中执行相应的命令即可实现滤镜效果。

- 查找边缘：该滤镜能查找图像中主色块颜色变化的区域，并将查找出的边缘轮廓描边，使图像看起来像用笔刷勾勒的轮廓。
- 等高线：该滤镜用于查找主要亮度区域，并为每个颜色通道勾勒出主要亮度区域，以获得与等高线图中的线条类似的效果。执行该命令，弹出"等高线"对话框，如图 9-17 所示。
- 风：该滤镜可以对图像的边缘进行位移，创建出水平线用于模拟风的动感效果，是制作纹理或为文字添加阴影效果时常用的滤镜。执行该命令，弹出"风"对话框，如图 9-18 所示。
- 浮雕效果：该滤镜能通过勾画图像的轮廓和降低色值来产生灰色的浮凸效果，使图像自动变为深灰色，产生凸出的视觉效果。执行该命令，弹出"浮雕效果"对话框，如图 9-19 所示。

图 9-17　　　　　　　　　　图 9-18　　　　　　　　　　图 9-19

- 扩散：该滤镜可以按指定的方式移动相邻的像素，使图像形成一种类似于透过磨砂玻璃观察物体的模糊效果。执行该命令，弹出"扩散"对话框，如图 9-20 所示。
- 拼贴：该滤镜可以将图像分解为一系列块状，并使其偏离原来的位置，进而产生不规则的拼砖效果。执行该命令，弹出"拼贴"对话框，设置完成后单击"确定"按钮，如图 9-21、图 9-22 所示。
- 曝光过度：该滤镜可以混合正片和负片图像，产生类似于摄影中的短暂曝光的效果。
- 凸出：该滤镜可以将图像分解成一系列大小相同且重叠的立方体或锥体，以生成特殊的 3D 效果。执行该命令，弹出"凸出"对话框，设置完成后单击"确定"按钮，如图 9-23、图 9-24 所示。
- 油画：该滤镜可以给普通图像添加油画效果。执行该命令，弹出"油画"对话框，如图 9-25 所示。

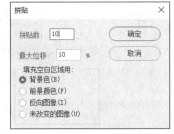

图 9-20 图 9-21 图 9-22

图 9-23 图 9-24 图 9-25

9.3.2 模糊滤镜组

"模糊"滤镜组用于减少相邻像素间颜色的差异，使图像产生柔和、模糊的效果。执行"滤镜>模糊"命令，在弹出的子菜单中执行相应的命令即可实现滤镜效果。

- 表面模糊：该滤镜在保留边缘的同时模糊图像，用于创建特殊效果并消除杂色或粒度。执行该命令，弹出"表面模糊"对话框，如图 9-26 所示。
- 动感模糊：该滤镜的效果类似于以固定的曝光时间给一个移动的对象拍照。执行该命令，弹出"动感模糊"对话框，如图 9-27 所示。
- 方框模糊：该滤镜以邻近像素颜色平均值为基准模糊图像。执行该命令，弹出"方框模糊"对话框，如图 9-28 所示。

图 9-26 图 9-27 图 9-28

- 高斯模糊：该滤镜可根据输入的数值快速地模糊图像，产生朦胧效果。执行该命令，弹出"高斯模糊"对话框，如图 9-29 所示。
- 进一步模糊：该滤镜与"模糊"滤镜产生的效果一样，但效果会大大加强。
- 径向模糊：该滤镜可以产生辐射状模糊的效果，以模拟相机前后移动或旋转产生的模糊效果。执行该命令，弹出"径向模糊"对话框，设置完成后单击"确定"按钮，如图 9-30、图 9-31 所示。

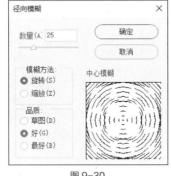

图 9-29　　　　　　　　　　　　图 9-30　　　　　　　　　　　　图 9-31

- 镜头模糊：该滤镜可向图像中添加模糊以产生更窄的景深效果，使图像中的一些对象在焦点内，另一些区域变得模糊。用它来处理照片，可创建景深效果，但需要用 Alpha 通道或图层蒙版的深度值来映射图像中像素的位置。执行该命令，弹出"镜头模糊"对话框，如图 9-32 所示。
- 模糊：该滤镜可使图像变得模糊一些，能去除图像中明显的边缘或非常轻度的柔和边缘，如同在照相机的镜头前加入柔光镜所产生的效果。
- 平均：该滤镜能找出图像或选区中的平均颜色，并用该颜色填充图像或选区以创建平滑的外观，如图 9-33 所示。

图 9-32　　　　　　　　　　　　　　　图 9-33

- 特殊模糊：该滤镜能找出图像的边缘并对边界线以内的区域进行模糊处理。它的优点是在模糊图像的同时仍使图像具有清晰的边界，有助于去除图像色调中的颗粒、杂色，从而产生一种边界清晰、中心模糊的效果。执行该命令，弹出"特殊模糊"对话框，如图 9-34 所示。
- 形状模糊：该滤镜使用指定的形状作为模糊中心进行模糊。执行该命令，弹出"形状模糊"对话框，如图 9-35 所示。

图 9-34

图 9-35

9.3.3 模糊画廊滤镜组

执行"滤镜>模糊画廊"命令，在弹出的子菜单中执行相应的命令即可实现滤镜效果。该滤镜组下的滤镜命令可以在同一个对话框中进行调整，如图 9-36 所示。

图 9-36

- 场景模糊：该滤镜可通过定义具有不同模糊量的多个模糊点来创建渐变的模糊效果，将多个图钉添加到图像上，并指定每个图钉的模糊量，从而合并图像上所有模糊图钉的效果，也可在图像外部添加图钉，对边角应用模糊效果。

- 光圈模糊：该滤镜可使图片模拟浅景深的效果，不管使用的是什么相机或镜头，都可定义多个焦点，这是使用传统相机技术几乎不可能实现的效果。

- 倾斜偏移：该滤镜可模拟倾斜偏移镜头拍摄的图像，这种特殊的模糊效果会定义锐化区域，边缘处将逐渐变得模糊，可用于模拟微型对象的照片。

- 路径模糊：该滤镜可沿路径创建运动模糊，还可控制形状和模糊量。Photoshop 可自动合成应用于图像的多路径模糊效果。

- 旋转模糊：该滤镜可在一个或多个点旋转并模糊图像。

9.3.4 扭曲滤镜组

"扭曲"滤镜组主要用于对平面图像进行扭曲，使其产生旋转、挤压、水波和三维等变形效果。执行"滤镜>扭曲"命令，在弹出的子菜单中执行相应的命令即可实现滤镜效果。

- 波浪：该滤镜可根据设置的波长和波幅产生波浪效果。执行该命令，弹出"波浪"对话框，如图 9-37 所示。
- 波纹：该滤镜可根据设置产生不同的波纹效果。执行该命令，弹出"波纹"对话框，如图 9-38 所示。

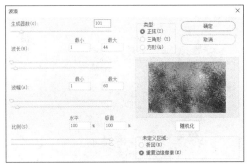

图 9-37

图 9-38

- 极坐标：该滤镜可将图像从直角坐标系转化为极坐标系或从极坐标系转化为直角坐标系，产生极端变形效果。执行该命令，弹出"极坐标"对话框，如图 9-39 所示。
- 挤压：该滤镜可使全部图像或选区图像产生向外或向内挤压的变形效果。执行该命令，弹出"挤压"对话框，如图 9-40 所示。

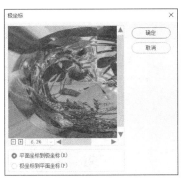

图 9-39

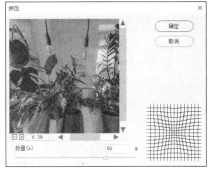

图 9-40

- 切变：该滤镜能根据对话框中设置的垂直曲线来使图像发生扭曲变形。执行该命令，弹出"切变"对话框，如图 9-41 所示。
- 球面化：该滤镜能使图像区域膨胀实现球形化，形成类似于将图像贴在球体或圆柱体表面的效果。执行该命令，弹出"球面化"对话框，如图 9-42 所示。

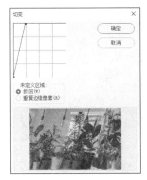

图 9-41

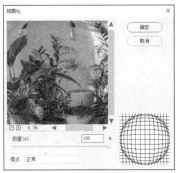

图 9-42

- 水波：该滤镜可模仿水面上产生的起伏状波纹和旋转效果，常用于制作同心圆类的波纹。执行该命令，弹出"水波"对话框，如图 9-43 所示。
- 旋转扭曲：该滤镜可使图像产生类似于风轮旋转的效果，甚至可以产生将图像置于一个大旋涡中心的螺旋扭曲效果。执行该命令，弹出"旋转扭曲"对话框，如图 9-44 所示。

图 9-43

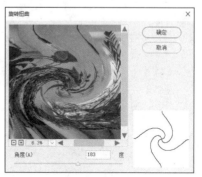

图 9-44

- 置换：该滤镜可用另一幅图像（必须是 PSD 格式）的亮度值替换当前图像的亮度值，使当前图像的像素重新排列，产生位移的效果。

[实操 9-2] 制作艺术效果图像

9-2 制作艺术
效果图像

[实例资源]\第 9 章\制作艺术效果图像.jpg

STEP 1 将素材文件在 Photoshop 中打开，如图 9-45 所示。

STEP 2 选择"裁剪工具" ，在属性栏中设置比例为"1：1"，单击调整区域，按 Enter 键确认裁剪，如图 9-46 所示。

图 9-45

图 9-46

STEP 3 执行"滤镜>扭曲>切变"命令，在弹出的"切变"对话框中进行设置，如图 9-47、图 9-48 所示。

STEP 4 执行"图像>图像旋转>垂直翻转画布"命令，效果如图 9-49 所示。

STEP 5 选择"仿制图章工具" ，在拼合处进行修复，效果如图 9-50 所示。

STEP 6 执行"滤镜>扭曲>极坐标"命令，在弹出的"极坐标"对话框中进行设置，如图 9-51、图 9-52 所示。

图 9-47

图 9-48

图 9-49

图 9-50

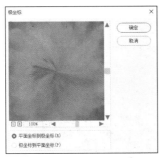

图 9-51

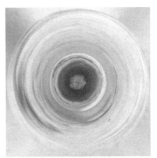

图 9-52

STEP 7 选择"混合器画笔工具" ，在图像边缘处涂抹，如图 9-53 所示。

STEP 8 选择"减淡工具" ，在属性栏中进行设置，在图像边缘处涂抹提亮，如图 9-54 所示。

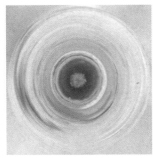

图 9-53

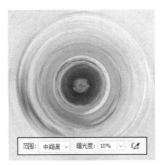

图 9-54

9.3.5 锐化滤镜组

"锐化"滤镜组通过增加图像相邻像素间的对比度，使图像轮廓分明、纹理清晰，从而减弱图像的模糊程度。执行"滤镜>锐化"命令，在弹出的子菜单中执行相应的命令即可实现滤镜效果。

- USM 锐化：该滤镜可调整边缘细节的对比度，并在边缘的每侧生成一条亮线和一条暗线。执行该命令，弹出"USM 锐化"对话框，如图 9-55 所示。
- 防抖：该滤镜可有效降低由于抖动产生的模糊。
- 进一步锐化：该滤镜通过增加图像相邻像素的对比度来达到使图像清晰的目的，锐化效果强烈。
- 锐化：该滤镜可增加图像像素之间的对比度，使图像更清晰，锐化效果不如上一个滤镜。
- 锐化边缘：该滤镜只锐化图像的边缘，同时保留总体的平滑度。
- 智能锐化：该滤镜可以设置锐化算法，或控制在阴影和高光区域中进行的锐化量。执行该命令，弹出"智能锐化"对话框，如图 9-56 所示。

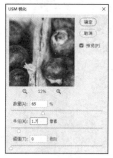

图 9-55

图 9-56

9.3.6 像素化滤镜组

"像素化"滤镜组通过将图像中相似颜色值的像素转化成单元格，使图像分块或平面化，将图像分解成肉眼可见的像素颗粒，如方形、不规则多边形和点状等，视觉上表现为图像被转换成由不同色块组成的图像。执行"滤镜>像素化"命令，在弹出的子菜单中执行相应的命令即可实现滤镜效果。

- 彩块化：该滤镜可使图像中的纯色或相似颜色凝结为彩色块，从而产生宝石刻画般的效果。
- 彩色半调：该滤镜用于模拟在图像的每个通道上使用放大的半调网屏的效果。对于每个通道，滤镜将图像划分为小矩形，并用圆形替换每个矩形，圆形的大小与矩形的亮度成一定比例。执行该命令，弹出"彩色半调"对话框，设置完成后，单击"确定"按钮，如图 9-57、图 9-58 所示。

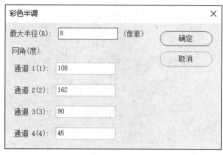

图 9-57

图 9-58

- 点状化：该滤镜在图像中随机产生彩色斑点，点与点间的空隙用背景色填充。执行该命令，弹出"点状化"对话框，如图 9-59 所示。

- 晶格化：该滤镜可将图像中颜色相近的像素集中到一个多边形网格中，从而把图像分割成许多个多边形的小色块，产生晶格化的效果。执行该命令，弹出"晶格化"对话框，如图 9-60 所示。

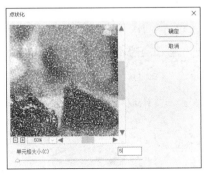 

图 9-59   图 9-60

- 马赛克：该滤镜可将图像分解成许多规则排列的小方块，实现图像的网格化。每个网格中的像素均使用本网格内的平均颜色填充，从而产生类似于马赛克的效果。执行该命令，弹出"马赛克"对话框，如图 9-61 所示。
- 碎片：该滤镜可使选区或整幅图像复制出 4 个副本，并将其均匀分布、相互偏移，以得到重影效果。
- 铜板雕刻：该滤镜能将图像转换为黑白区域的随机图案，或彩色图像中完全饱和颜色的随机图案。执行该命令，弹出"铜板雕刻"对话框，如图 9-62 所示。

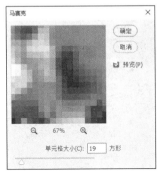 

图 9-61   图 9-62

9.3.7 渲染滤镜组

"渲染"滤镜组能够在图像中产生光线照明的效果，还可以制作云彩效果。执行"滤镜>渲染"命令，在弹出的子菜单中执行相应的命令即可实现滤镜效果。

- 火焰：该滤镜可给图像中选择的路径添加火焰效果。
- 图片框：该滤镜可给图像添加各种样式的边框。
- 树：该滤镜可给图像添加各种样式的树。
- 分层云彩：该滤镜可使用前景色和背景色对图像中的原有像素进行差异运算，产生图像与云彩背景混合并反白的效果。
- 光照效果：该滤镜包括 17 种不同的光照风格、3 种光照类型和 4 组光照属性，可在 RGB 图像上制作出各种光照效果，也可加入新的纹理及浮雕效果，使平面图像产生三维立体的效果。执行该命令，在图像编辑窗口右侧打开"属性"面板，可在其中调节光照效果，如图 9-63 所示。

- 镜头光晕：该滤镜通过为图像添加不同类型的镜头，从而模拟镜头产生的眩光效果。这是摄影技术中一种典型的光晕效果处理方法。执行该命令，弹出"镜头光晕"对话框，如图 9-64 所示。

图 9-63

图 9-64

- 纤维：该滤镜用于将前景色和背景色混合以填充图像，从而生成类似于纤维的效果。执行该命令，弹出"纤维"对话框，如图 9-65 所示。
- 云彩：该滤镜是唯一能在空白的透明图层上工作的滤镜，不使用图像现有像素进行计算，而是使用前景色和背景色进行计算，通常用于制作天空、云彩、烟雾等效果，如图 9-66 所示。

图 9-65

图 9-66

9.3.8 杂色滤镜组

"杂色"滤镜组可给图像添加一些随机产生的干扰颗粒（噪点），还可创建不同寻常的纹理或去掉图像中有缺陷的区域。执行"滤镜>杂色"命令，在弹出的子菜单中执行相应的命令即可实现滤镜效果。

- 减少杂色：该滤镜用于去除扫描照片和数码相机拍摄的照片上产生的杂色。执行该命令，弹出"减少杂色"对话框，如图 9-67 所示。
- 蒙尘与划痕：该滤镜通过将图像中有缺陷的像素融入周围的像素，达到除尘和涂抹的效果。执行该命令，弹出"蒙尘与划痕"对话框，如图 9-68 所示。
- 去斑：该滤镜通过对图像进行轻微的模糊、柔化，从而达到掩饰图像中细小斑点、消除轻微折痕的作用。
- 添加杂色：该滤镜可为图像添加一些细小的像素颗粒，使其在混合到图像内的同时产生色散效果，常用于添加杂点纹理。执行该命令，弹出"添加杂色"对话框，如图 9-69 所示。

图 9-67　　　　　　　　　　　　　　　　图 9-68

- 中间值：该滤镜可采用杂点和周围图像的颜色来平滑图像中的区域，常用于去除图像中的杂点，可减少图像中杂色的干扰。执行该命令，弹出"中间值"对话框，如图 9-70 所示。

图 9-69　　　　　　　　　　　　　　　　图 9-70

9.3.9　其他滤镜组

"其他"滤镜组可用来创建自定义滤镜，也可用来修饰图像的某些细节部分。执行"滤镜>其他"命令，在弹出的子菜单中执行相应的命令即可实现滤镜效果。

- HSB/HSL：该滤镜可以把图像中每个像素的 RGB 转化成 HSB 或 HSL。执行该命令，弹出"HSB/HSL参数"对话框，如图 9-71 所示。
- 高反差保留：该滤镜可以在有强烈颜色转变的位置按指定的半径保留边缘细节，并且不显示图像的其他部分，与浮雕效果类似。执行该命令，弹出"高反差保留"对话框，如图 9-72 所示。

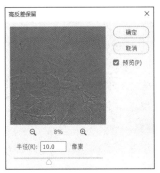

图 9-71　　　　　　　　　　　　　　　　图 9-72

- 位移：该滤镜可通过调整属性值来控制图像的偏移。执行该命令，弹出"位移"对话框，设置完成后，单击"确定"按钮，如图9-73、图9-74所示。

图9-73

图9-74

- 自定：该滤镜可以创建与存储自定义滤镜，并更改图像中每个像素的亮度值，根据周围的像素值为每个像素重新指定一个值。
- 最大值：该滤镜有收缩效果，向外扩展白色区域，并收缩黑色区域。执行该命令，弹出"最大值"对话框，如图9-75所示。
- 最小值：该滤镜有扩展效果，向外扩展黑色区域，并收缩白色区域。执行该命令，弹出"最小值"对话框，如图9-76所示。

图9-75

图9-76

9.4 实战演练——制作水彩画效果图像

9-3 制作水彩画
效果图像

本实战演练将制作水彩画效果图像，读者应综合运用本章所学知识点，熟练掌握并巩固智能对象滤镜与滤镜的应用方法。

1. 实战目标

本实战演练将使用滤镜制作水彩画效果图像，参考效果如图9-77、图9-78所示。

图 9-77

图 9-78

2. 操作思路

掌握智能滤镜的使用方法，下面开始实战演练。

STEP **1**　打开素材文件，将其转换为智能素材，如图 9-79 所示。

STEP **2**　应用滤镜库中的"干画笔"滤镜，更改图层的混合模式为"点光"，效果如图 9-80 所示。

图 9-79

图 9-80

STEP **3**　应用"特殊模糊"滤镜，更改智能滤镜的混合模式为"滤色"，如图 9-81 所示。

STEP **4**　应用"查找边缘"滤镜，更改智能滤镜的混合模式为"正片叠底"，如图 9-82 所示。

图 9-81

图 9-82

知识拓展

Q1　常用的外挂滤镜有哪些？

A1　专业调色滤镜-Nil Color Efex Pro、专业磨皮滤镜-Imagenomic Portraiture 等。

Q2　滤镜在哪些状态下不可使用？

A2　"模糊"滤镜组中的"场景模糊""光圈模糊"等滤镜不可在通道中使用。文字和形状图层不能应用滤镜，将其栅格化或转换为智能对象图层后才可应用滤镜，如图 9-83 所示。

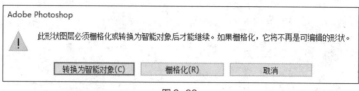

图 9-83

Q3 使用相同的滤镜，效果为何不同？

A3 部分滤镜是受前景色和背景色影响的，颜色不同产生的效果也不同。

Q4 不同分辨率的图像应用相同滤镜的效果一样吗？

A4 滤镜效果以像素为单位进行计算，处理不同分辨率的图像，即使采用相同的设置，其效果也不一样。

Q5 滤镜效果可以像图像一样复制粘贴吗？

A5 当应用完一个滤镜以后，"滤镜"菜单中的第一栏将显示该滤镜的名称。执行该命令或按 Ctrl+Alt+F 组合键，可按照上一次应用滤镜的设置再次对图像应用该滤镜。

Q6 滤镜应用过程中如何终止？

A6 在应用滤镜的过程中，若要终止，可以按 Esc 键；若要返回上一步，可以按 Ctrl+Z 组合键。

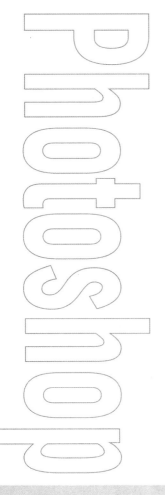

Chapter

10

第 10 章
事半功倍的动作与自动化

本章主要对 Photoshop 中的动作和自动化功能进行讲解，包括创建与应用动作、应用预设动作、使用动作批处理图像、批量转换文件格式、自动拼合图像的联系表、Photomerge 图像合成等。

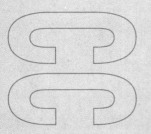

课堂学习目标

- 认识动作
- 掌握动作的创建与应用方法
- 掌握自动化处理文件的方法

10.1 动作与动作面板

动作是指在单个文件或一批文件的基础上执行的一系列任务。在 Photoshop 中，动作是快捷批处理的基础。

应用秘技

在 Photoshop 中，大多数命令和操作都可以记录在动作中，但它也有无能为力的时候。以下为不能被直接记录的命令和操作。

- 使用"钢笔工具" $\mathscr{Q}$ 手绘的路径。
- "画笔工具" $\checkmark$、"污点修复画笔工具" $\mathscr{D}$ 和"仿制图章工具" $\stackrel{\blacktriangle}{=}$ 进行的操作。
- 属性栏、面板和对话框中的部分设置。
- 在打开的窗口中进行的大部分设置。

10.1.1 动作面板

在"动作"面板中可以完成 Photoshop 中对动作的各种操作。执行"窗口>动作"命令，或者按 Alt+F9 组合键，打开"动作"面板，如图 10-1 所示。

该面板中主要选项的功能介绍如下。

- 切换对话 $\boxdot$：用于选择在动作执行时是否弹出各种对话框或菜单。若动作中的命令显示该按钮，表示在执行该命令时会弹出对话框以便进行设置；关闭该按钮，则表示忽略对话框，动作按先前的设定执行。
- 切换项目 $\checkmark$：用于选择需要执行的动作。关闭该按钮，可以屏蔽此命令，使其在动作播放时不被执行。
- 动作控制按钮 $\blacksquare$ $\bullet$ $\blacktriangleright$：用于对动作进行各种控制，从左至右各个按钮的功能依次是停止播放/记录、开始记录、播放动作。

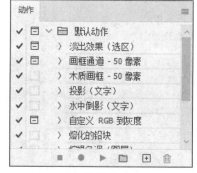

图 10-1

10.1.2 创建动作

对于常用的操作命令，可将其制作成动作并快捷地应用。

在"动作"面板中，单击面板底部的"创建新组"按钮，在弹出的"新建组"对话框中输入组名称，单击"确定"按钮，如图 10-2 所示。在"动作"面板中单击"创建新动作"按钮 $\boxdot$，在弹出的"新建动作"对话框中输入动作名称，如图 10-3 所示。

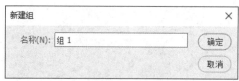

图 10-2

图 10-3

此时，"动作"面板底部的"开始记录"按钮 $\bullet$ 呈红色状态，软件则开始记录用户的操作，待录制完成后单击"停止"按钮 $\blacksquare$ 即可。

10.1.3　应用预设动作

应用预设动作是指将"动作"面板中已录制的动作应用于图像文件或相应的图层上。选择需要应用预设的图层，在"动作"面板中选择需执行的动作，单击"播放选定的动作"按钮 ▶ 即可运行该动作。

除了默认动作组外，Photoshop 还自带了多个动作组，每个动作组中包含了许多同类型的动作。单击"动作"面板右上角的菜单按钮 ≡，在弹出的面板菜单中执行相应的命令即可将动作载入"动作"面板中，包括"命令""画框""图像效果""LAB-黑白技术""制作""流星""文字效果""纹理""视频动作"，如图 10-4、图 10-5 所示。

图 10-4

图 10-5

+ **[实操 10-1] 应用"流星旋转"动作**

📁 [实例资源]\第 10 章\应用"流星旋转"动作.jpg

STEP ↘1 将素材文件在 Photoshop 中打开，如图 10-6 所示。

STEP ↘2 在"动作"面板中找到"流星旋转"选项，单击"播放选定的动作"按钮 ▶，如图 10-7 所示。

10-1 应用"流星旋转"动作

图 10-6

图 10-7

STEP ↘3 Photoshop 会自动应用动作，如图 10-8、图 10-9 所示。

图 10-8

图 10-9

10.1.4 存储和载入动作

"动作"面板和"图层"面板相似，在其中不仅可以对动作进行重新排列、重命名、删除、复制等操作，还可以进行存储和载入操作。

1. 存储动作组

可以对记录好的动作组进行存储。选择目标动作组，单击"动作"面板右上角的菜单按钮≡，在弹出的面板菜单中执行"存储动作"命令，如图 10-10 所示。在弹出的"另存为"对话框中存储文件格式为 ATN，如图 10-11 所示。

图 10-10 　　　　　　　　　　　　　　　　　　图 10-11

2. 载入动作

为了快速地应用某些特定动作，可以在网上下载相应的动作库，单击"动作"面板右上角的菜单按钮≡，在弹出的面板菜单中执行"载入动作"命令，在弹出的"载入"对话框中载入 ATN 格式的动作文件，如图 10-12 所示。

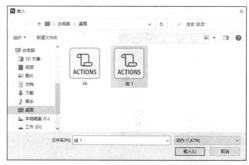

图 10-12

10.2 自动化处理文件

使用动作时，还可以结合 Photoshop 中的一些自动化命令，如批处理、自动拼合等，进而提高工作效率。

10.2.1 使用动作批处理图像

批处理可以对一个文件夹中的文件应用动作，在执行命令之前应该将要处理的图片存放在同一个文件夹内。动作在被记录和保存之后，执行"文件>自动>批处理"命令，弹出"批处理"对话框，如图 10-13

所示。在该对话框中可以对多个图像文件执行相同的动作，从而实现图像自动化处理。

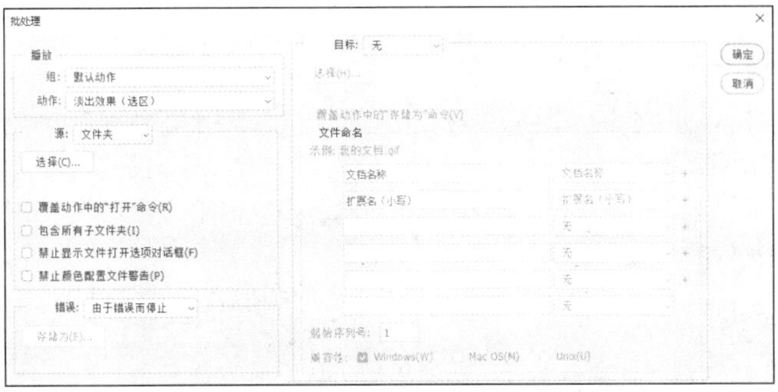

图 10-13

该对话框中主要选项的功能介绍如下。

- 播放：用于处理文件的动作。
- 源：用于选择要处理的文件。在下拉列表中选择"文件夹"选项并单击下面的"选择"按钮时，可以在弹出的对话框中选择一个文件夹；选择"导入"选项可以处理来自扫描仪、数码相机、PDF文档的图像；选择"打开的文件"选项可以处理当前所有打开的文件；选择"Bridge"选项可以处理 Adobe Bridge 中选择的文件。
- 覆盖动作中的"打开"命令：勾选该复选框，在批处理时可以忽略动作中记录的"打开"命令。
- 包含所有子文件夹：勾选该复选框，Photoshop 会将批处理应用到所选文件的子文件中。
- 禁止显示文件打开选项对话框：勾选该复选框，在批处理时不会显示打开文件选项对话框。
- 禁止颜色配置文件警告：勾选该复选框，在批处理时会关闭显示颜色方案的信息。
- 目标：用于设置完成批处理以后文件所保存的位置。在下拉列表中选择"无"选项则不保存文件，文件仍处于打开状态；选择"存储并关闭"选项，则将保存的文件保存在原始文件夹并覆盖原始文件；选择"文件夹"选项并单击下面的"选择"按钮，可以指定文件夹保存文件。

10.2.2　批量转换文件格式（图像处理器）

使用图像处理器能快速对文件夹中图像的文件格式进行转换，节省工作时间。执行"文件>脚本>图像处理器"命令，弹出"图像处理器"对话框，如图 10-14 所示。

图 10-14

该对话框中主要选项的功能介绍如下。

- 选择要处理的图像：单击下面的"选择文件夹"按钮，在弹出的对话框中可指定要处理的图像所在的文件夹的位置。
- 选择位置以存储处理的图像：单击下面的"选择文件夹"按钮，在弹出的对话框中可指定存放处理后图像的文件夹的位置。
- 文件类型：取消勾选"存储为 JPEG"复选框，勾选相应格式的复选框，完成后单击"运行"按钮，此时软件会自动对图像进行处理。

应用秘技

在"图像处理器"对话框的"文件类型"选项组中，可同时勾选多个文件类型的复选框，此时运用图像处理器将会同时把文件夹中的图像文件转换为多种文件格式。

[实操 10-2] 将 PNG 格式图像文件转换为 TIFF 格式图像文件

[实例资源]\第 10 章\转换图像文件的格式

10-2 将 PNG 格式图像转换为 TIFF 格式图像文件

STEP 1 将素材图像文件移至新建文件夹中，如图 10-15 所示。

STEP 2 执行"文件>脚本>图像处理器"命令，在弹出的对话框中单击"选择要处理的图像"选择组中的"选择文件夹"按钮，在弹出的对话框中选择文件夹。在"文件类型"选项组中勾选"存储为 TIFF"复选框，如图 10-16 所示。

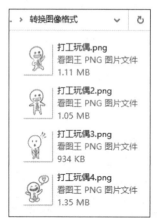

图 10-15

图 10-16

STEP 3 单击"运行"按钮，系统将自动新建转换文件夹，如图 10-17 所示。

图 10-17

10.2.3　自动拼合图像的联系表

在 Photoshop 中执行"文件 > 自动 > 联系表Ⅱ"命令，可以将多个文件图像自动拼合在一张图中，生成缩览图。执行"文件>自动>联系表Ⅱ"命令，弹出"联系表Ⅱ"对话框，如图 10-18 所示。

图 10-18

该对话框中主要选项的功能介绍如下。

- 源图像：单击"选取"按钮，在弹出的对话框中可指定要生成图像缩览图所在文件夹的位置。勾选"包含子文件夹"复选框，将选择所有子文件夹中的图像文件。
- 文档：用于设置拼合图片的尺寸、分辨率等。勾选"拼合所有图层"复选框则合并所有图层，取消勾选则在图像文件中生成独立图层。
- 缩览图：用于设置缩览图生成的规则，如先横向还是先纵向、行列数目、是否旋转等。
- 将文件名用作题注：用于设置是否使用文件名作为图片题注，以及题注的字体与大小。

10.2.4　Photomerge 图像合成

执行"文件 > 自动 > Photomerge"命令，可以将照相机在同一水平线拍摄的序列照片进行合成。该命令可以自动重叠相同的色彩像素，也可以指定源文件的组合位置，系统会自动将其汇集为全景图。全景图完成之后，仍然可以根据需要更改个别照片的位置。

执行"文件>自动>Photomerge"命令，弹出"Photomerge"对话框，如图 10-19 所示。单击"添加打开的文件"按钮，完成图片的添加后单击"确定"按钮，此时软件会自动对图像进行合成。

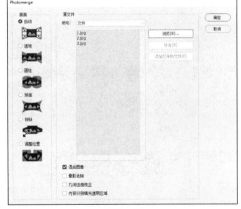

图 10-19

该对话框中主要选项的功能介绍如下。

- 版面：用于设置转换为全景图片时的模式。
- 自动：Photoshop 分析源图像并应用"透视""圆柱""球面"版面，具体应用哪一种取决于其是否能够生成更好的 Photomerge。
- 透视：通过将源图像中的一个图像（默认情况下为中间的图像）指定为参考图像来创建一致的复合图像，然后将其用于变换其他图像（必要时进行位置调整、伸展或斜切），以便匹配图层的重叠内容。

- 圆柱：通过在展开的圆柱上显示各个图像来减少在"透视"版面中出现的"领结"扭曲，文件的重叠内容仍匹配，将参考图像居中放置，适用于创建全景图。
- 球面：将图像对齐并变换，效果类似于映射球体内部，模拟观看 360° 全景的视觉体验，如果拍摄了一组环绕 360° 的图像，使用此版面可创建 360° 全景图。
- 拼贴：对齐图层并匹配重叠内容，同时变换（旋转或缩放）任何源图层。
- 调整位置：对齐图层并匹配重叠内容，但不会变换（伸展或斜切）任何源图层。
- 使用：该下拉列表框中包括"文件"和"文件夹"两个选项。选择"文件"选项时，可以直接将选择的文件用于合并图像；选择"文件夹"选项时，可以直接将选择的文件夹中的文件用于合并图像。
- 混合图像：勾选此复选框，可以找出图像间的最佳边界，根据这些边界创建接缝，并匹配图像的颜色；取消勾选此复选框，将执行简单的矩形混合；如果要手动修饰混合蒙版，此操作将更为可取。
- 晕影去除：勾选此复选框，可以在由镜头瑕疵或镜头遮光处理不当而导致边缘较暗的图像中去除晕影并进行曝光度补偿。
- 几何扭曲校正：勾选此复选框，可以补偿桶形、枕形或鱼眼失真。
- 内容识别填充透明区域：勾选此复选框，可使用附近的相似图像内容无缝填充透明区域。
- 浏览：单击该按钮，可选择用于合成全景图的文件或文件夹。
- 移去：单击该按钮，可删除列表中选择的文件。
- 添加打开的文件：单击该按钮，可以将软件中打开的文件直接添加到列表中。

选择目标图像，执行"文件 > 自动 > Photomerge"命令，拼合全景图，如图 10-20 ~ 图 10-22 所示。

图 10-20

图 10-21　　　　　　　　　　　　　　　　图 10-22

10.3 实战演练——为图像添加水印

本实战演练将为图像添加水印，读者应综合运用本章所学知识点，熟练掌握并巩固动作与自动化处理的方法。

10-3 为图像
添加水印

1. 实战目标

本实战演练将使用动作为图像添加水印，参考效果如图 10-23 所示。

图 10-23

2．操作思路

选择文字工具创建水印样式及动作并执行，下面开始实战演练。

STEP 1 新建透明图层，输入文字并存储为预设图案，如图 10-24、图 10-25 所示。

STEP 2 打开素材文件，新建动作，如图 10-26 所示。

　　图 10-24　　　　　　　　　图 10-25　　　　　　　　　图 10-26

STEP 3 添加水印效果，如图 10-27 所示。

STEP 4 执行"文件＞自动＞批处理"命令，系统将自动为目标文件批量添加水印，如图 10-28
所示。

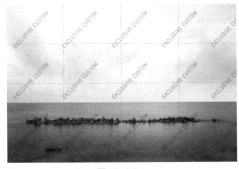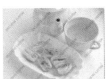

图 10-27　　　　　　　　　　　　　　　图 10-28

🔍 **知识拓展**

Q1　创建动作时应注意哪些问题？

A1　记录"存储为"命令时，不要更改文件名。如果输入新的文件名，每次重复该动作时，都会记录和使用该新名称。在存储之前，如果浏览到另一个文件夹，可以指定另一位置而不必指定文件名。

Q2　打印输出时应注意哪些问题？

A2　文件在打印之前需进行设置。执行"文件>打印"命令，打开"Photoshop 打印设置"对话框，如图 10-29 所示。

图 10-29

在该对话框中可以预览打印效果，并且对打印机、打印份数、位置大小和色彩管理等进行设置。单击"打印设置"按钮，可以在打开的对话框中设置布局和纸张/质量等。针对特定打印机、油墨和纸张组合自定义颜色配置文件，并且设置"Photoshop 管理颜色"，通常会得到更好的打印效果。在"Photoshop 打印设置"对话框中可以对打印的色彩进行设置。

Q3　专色打印应注意哪些问题？

A3　专色是特殊的预混油墨，用于替代或补充印刷色（CMYK）油墨。在印刷时，每种专色都要求使用专用的印版。若要印刷带有专色的图像，则需要创建存储这些颜色的专色通道，以 PDF 格式存储。

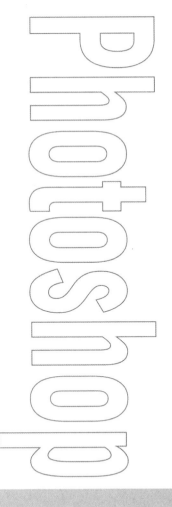

Chapter

11

第 11 章
宣传海报设计

海报是一种信息传递的艺术，也是一种大众化的宣传工具。海报又称招贴画，是贴在街头墙上、挂在橱窗里的大幅画作，以其醒目的画面吸引路人的注意。本章主要介绍海报的种类、表现形式、设计要素等，并讲解如何制作一张艺术展海报。

课堂学习目标

- 了解海报的分类
- 了解海报的表现形式
- 熟悉海报的设计要素

11.1 行业知识

海报设计是使用图像、文字、色彩、版面、图形等元素，结合广告媒体的特征，为实现广告的目的和意图，在计算机上通过相关软件进行平面艺术创意设计的一种活动。

11.1.1 海报的种类

海报的种类有很多，根据应用可将其细分为商业海报、公益海报、电影海报、文化海报和节日海报等。

- 商业海报：宣传商品或商业服务的商业性海报，在设计过程中要充分考虑产品的格调和受众的需求。
- 公益海报：具有一定的思想性质，对公众有着积极的教育引导作用，主题包括公益、道德宣传，弘扬爱心奉献等。
- 电影海报：以电影内容为主，起着宣传电影的作用，以吸引消费者的注意，与文化海报相似。
- 文化海报：各种文娱活动及展览性质的宣传海报。
- 节日海报：以突出节日气氛为主，适用于各种节日宣传。

11.1.2 海报的表现形式

根据表现形式，海报可分为店内海报、招商海报、展览海报及平面海报。

- 店内海报：店内海报应用于营业店面内，起着装饰和宣传的作用。设计时需考虑到店内的整体风格、色调及营业内容，即需与环境协调。
- 招商海报：招商海报以商业宣传为目的，采用引人注目的视觉效果达到宣传某种商品或服务的目的。设计时需明确其商业主题，在文案的应用上要注意突出重点，不宜太花哨。
- 展览海报：展览海报主要用于展会的宣传，常应用于街道、影剧院、展会、商业区、车站等公共场所，具有传播信息的作用，涉及内容广泛，艺术表现力丰富，远视效果强。
- 平面海报：平面海报的设计比较随意，设计人员要善于利用生活中的一些元素，通过色彩与明暗的对比突出主体。

11.1.3 海报的设计要素

海报的设计要素有以下几点。

第一，充分的视觉冲击力，可以通过图像和色彩来实现。

第二，海报表达的内容精练，应抓住主要诉求点。

第三，内容不可过多。

第四，一般以图片为主，文案为辅。

第五，主题字体醒目。

➕ 应用秘技

1. 一般海报尺寸

- 42 厘米×57 厘米。
- 57 厘米×84 厘米。

2. 标准海报尺寸

- 13 厘米×18 厘米。

- 19 厘米×25 厘米。
- 42 厘米×57 厘米。
- 50 厘米×70 厘米。
- 60 厘米×90 厘米。
- 70 厘米×100 厘米。

3．印刷纸张规格

常用的印刷纸张主要分为正度纸张和大度纸张。

正度纸张：常用于书刊印刷，尺寸如下。

- 全开：787 毫米×1092 毫米。
- 2 开：520 毫米×740 毫米。
- 4 开：370 毫米×520 毫米。
- 8 开：260 毫米×370 毫米。
- 16 开：185 毫米×260 毫米。
- 32 开：130 毫米×185 毫米。
- 64 开：92 毫米×130 毫米。

大度纸张：常用于海报、彩页与画册设计，尺寸如下。

- 全开：889 毫米×1194 毫米。
- 2 开：570 毫米×840 毫米。
- 4 开：420 毫米×570 毫米。
- 8 开：285 毫米×420 毫米。
- 16 开：210 毫米×285 毫米。
- 32 开：142 毫米×220 毫米。
- 64 开：110 毫米×142 毫米。

4．出血与颜色模式

- 出血尺寸：上、下、左、右各留 3 毫米。
- 颜色模式：CMYK 颜色模式。
- 打印时保存为 TIFF 格式。

11.1.4　海报设计赏析

下面是一些不同种类与表现形式的海报设计，如图 11-1～图 11-3 所示。

图 11-1

图 11-2

图 11-3

11.2 实战演练——制作艺术展海报

本实战演练将使用扭曲滤镜、动感模糊滤镜、3D 及文字工具制作艺术展海报，读者应综合运用本章所学知识点，熟练掌握并巩固海报设计的方法。

11.2.1 制作海报背景

11-1 制作艺术展
海报-制作海报
背景

背景的制作通过对素材文件使用"旋转扭曲"滤镜，创建 3D 效果来完成。

STEP 1 将素材文件在 Photoshop 中打开，如图 11-4 所示。

STEP 2 执行"滤镜>扭曲>旋转扭曲"命令，弹出"旋转扭曲"对话框，如图 11-5 所示。

图 11-4

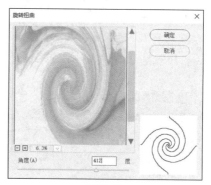

图 11-5

STEP 3 添加滤镜效果，如图 11-6 所示。

STEP 4 执行"3D>从图层新建网格>深度映射到>纯色凸出"命令，在弹出的提示对话框中单击"是"按钮，如图 11-7 所示。

图 11-6

图 11-7

STEP 5 在"属性"面板中设置预设为"未照亮的纹理"，如图 11-8 所示。

STEP 6 拖曳图像以调整其旋转角度，如图 11-9 所示。

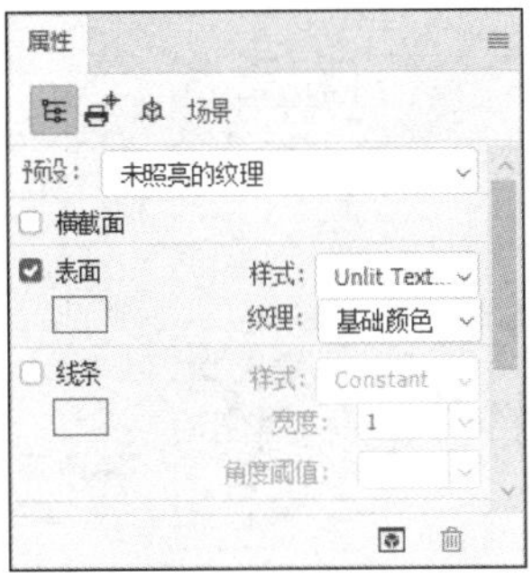

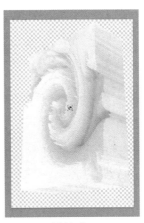

图 11-8

图 11-9

STEP 7 在"图层"面板中的"背景"图层上单击鼠标右键，在弹出的菜单中执行"转换为智能对象"命令，如图 11-10、图 11-11 所示。

图 11-10

图 11-11

STEP 8 按 Ctrl+T 组合键启用自由变换，放大图像并旋转其角度，如图 11-12 所示。

STEP 9 新建图层并将其移至最底层，选择"吸管工具" 吸取浅灰色，选择"油漆桶工具" 填充透明区域，如图 11-13 所示。

图 11-12

图 11-13

11.2.2 添加文字及装饰效果

下面使用文字工具添加文字，并为部分图像添加模糊效果。

STEP 1 选择"横排文字工具" **T** 输入文字，在"字符"面板中进行设置，如图 11-14、图 11-15 所示。

图 11-14

图 11-15

11-2 制作艺术展
海报-添加文字及
装饰效果

STEP 2 按 Ctrl+T 组合键启用自由变换，将文字旋转 18°，如图 11-16 所示。

STEP 3 按 Ctrl+J 组合键复制文字图层，选择原图层，将字符大小更改为"630 点"，更改字体颜色，如图 11-17 所示。

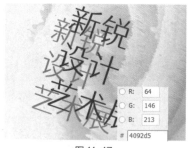

图 11-16

图 11-17

STEP 4 执行"滤镜>模糊>动感模糊"命令，在弹出的提示对话框中单击"转换为智能对象"按钮，如图 11-18 所示。

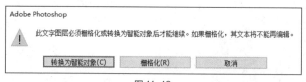

图 11-18

STEP 5 在弹出的"动感模糊"对话框中进行设置，如图 11-19 所示。

STEP 6 设置不透明度为"40%"，调整文字位置，效果如图 11-20 所示。

STEP 7 按 Ctrl+'组合键显示网格，选择"横排文字工具" **T** 输入文字，在"字符"面板中进行设置，使文字居中对齐，如图 11-21、图 11-22 所示。

STEP 8 选择"横排文字工具" **T** 输入文字，在"字符"面板中进行设置，如图 11-23 所示。

STEP 9 输入日期，设置"2026"的字号为"120 点"，如图 11-24 所示。

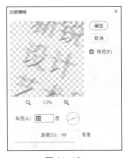

图 11-19

图 11-20

图 11-21

图 11-22

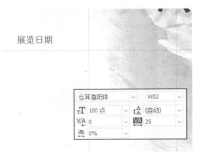

图 11-23

图 11-24

STEP 10 选择两组文字，按住 Alt 键移动复制，如图 11-25 所示。

STEP 11 更改文字，如图 11-26 所示。

图 11-25

图 11-26

STEP 12 选择两组文字，按住 Alt 键移动复制至右上角并进行更改，如图 11-27 所示。

STEP 13 选择"矩形工具" □,绘制矩形，如图 11-28 所示。

图 11-27

图 11-28

STEP 14 按住 Shift 键选择部分文字图层，更改字重为"WO3"，按 Ctrl+'组合键隐藏网格，进行整体调整，如图 11-29、图 11- 30 所示。

STEP 15 将素材置入文件，单击鼠标右键，在弹出的菜单中依次执行"垂直翻转"和"水平翻转"命令，如图 11-31 所示。

图 11-29

图 11-30

图 11-31

STEP 16 在"图层"面板中单击"添加图层蒙版"按钮 ▣ ，添加一个图层蒙版，如图 11-32 所示。

STEP 17 选择"渐变工具" ▣ ，在属性栏中单击"线性渐变"按钮，从右上至左下创建渐变，如图 11-33 所示。

STEP 18 进行多次调整后，海报效果如图 11-34 所示。

图 11-32

图 11-33

图 11-34

Chapter

12

第 12 章
图像创意合成

图像创意合成属于视觉创意的分支，通过大量的素材进行拼接合成，加以调色、变形、绘制等操作，为直白、浅显的图像增强视觉冲击力，引发观者的无限想象。本章主要介绍常用的图像合成方法，并讲解如何合成一幅创意图像。

课堂学习目标

- 了解图像合成的方法
- 掌握通道抠图的方法
- 掌握蒙版的应用
- 掌握滤镜与色调的应用

12.1 行业知识

Photoshop 是图像合成的必备软件，可使用选区工具、蒙版及通道对多个素材进行移花接木的拼接，通过色彩调整及滤镜对图像进行后期的色调处理。

12.1.1 图像合成方法

图像合成方法大致有背景模糊法、聚光效果、主体放大法、色彩引导法、轮廓线条图示法、局部淡化法、裁剪配色法与线条引导法。

- 背景模糊法：选择背景图像，使用模糊工具或模糊滤镜对其进行模糊处理，其中用得较多的是动感模糊。
- 聚光效果：选择主体以外的部分，使用"加深工具" 、曲线或色阶进行加深、加暗处理，制作景深效果。
- 主体放大法：使用选框工具将主体部分抠取出来，并自由变换放大，突出主体，吸引注意力。
- 色彩引导法：在介绍人物或产品时，若素材图像色彩比较杂乱，可以适当把其他部分变灰，或在主体附近用接近主体的色彩标识色块等。
- 轮廓线条图示法：把不相干的部分用线条表现，而主体则用实物原形表现。
- 局部淡化法：把主体物突出，其他部分使用"减淡工具" 、曲线或色阶进行淡化处理。
- 裁剪配色法：使用"裁剪工具" 将主体部分剪切下来，使用色彩调整命令进行美化处理。
- 线条引导法：将需要突出的部分用线条或箭头标识出来，快速吸引观者的注意。

12.1.2 图像合成赏析

以下是一些创意合成图像及海报，如图 12-1 ~ 图 12-5 所示。

图 12-1

图 12-2

图 12-3

图 12-4

图 12-5

12.2 实战演练——合成创意图像

本实战演练将使用通道、蒙版与色彩调整命令合成创意图像，读者应综合运用本章所学知识点，熟练掌握并巩固图像创意合成的方法。

12.2.1 合成背景

背景主要使用通道及调色命令进行合成。

STEP 1 将素材文件在 Photoshop 中打开，按 Ctrl+J 组合键复制图层，如图 12-6 所示。

STEP 2 在"通道"面板中将"蓝"通道拖曳至"创建新通道"按钮 ⊞ 上以复制该通道，如图 12-7 所示。

图 12-6

图 12-7

STEP 3 按 Ctrl+L 组合键，在弹出的"色阶"对话框中，单击"从图像中取样以设置白场"按钮 🖋，吸取背景颜色以增强对比，如图 12-8、图 12-9 所示。

图 12-8

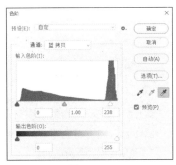

图 12-9

STEP 4 按 Ctrl+M 组合键，在弹出的"曲线"对话框中调整曲线状态，如图 12-10 所示。

STEP 5 选择"画笔工具" 🖋，设置前景色为"黑色"，涂抹暗部，如图 12-11 所示。

STEP 6 按住 Ctrl 键单击"蓝 拷贝"通道缩览图，载入选区，按 Ctrl+Shift+I 组合键反选选区，如图 12-12 所示。

STEP 7 单击"图层"面板底部的"添加图层蒙版"按钮 ◙，为图层添加蒙版，单击"指示图层可见性"按钮 👁 隐藏"背景"图层，如图 12-13 所示。

STEP 8 将素材文件在 Photoshop 中打开，调整其大小并修改图层堆叠顺序，如图 12-14、图 12-15 所示。

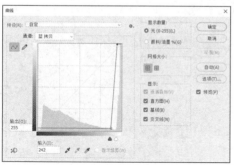

图 12-10

图 12-11

图 12-12

图 12-13

图 12-14

图 12-15

STEP 9 在"图层"面板中创建"曲线"调整图层，在"属性"面板中进行设置，如图 12-16 所示。按 Ctrl+Shift+G 组合键创建剪贴蒙版，效果如图 12-17 所示。

图 12-16

图 12-17

12.2.2　合成菠萝房子与其他部分

下面运用图层蒙版为菠萝添加门、楼梯等效果，并调整整体颜色。

STEP 1 将素材文件在 Photoshop 中打开，调整其大小，设置不透明度为"50%"，效果如图 12-18 所示。

12-2 合成创意图
像-合成菠萝房子
与其他部分

STEP 2 单击"图层"面板底部的"添加图层蒙版"按钮 ▣，为图层添加蒙版。选择"画笔工具" ✎ 涂抹重叠部分，设置不透明度为"100%"，效果如图 12-19 所示。

图 12-18

图 12-19

STEP 3 将素材文件在 Photoshop 中打开，调整其大小，设置不透明度为"85%"，效果如图 12-20 所示。

STEP 4 单击"图层"面板底部的"添加图层蒙版"按钮 ▣，为图层添加蒙版。选择"钢笔工具" ✐ 与"画笔工具" ✎，对门、窗以外的部分进行涂抹隐藏，设置不透明度为"100%"，效果如图 12-21 所示。

图 12-20

图 12-21

STEP 5 将素材文件在 Photoshop 中打开，使用通道抠取主体物，如图 12-22、图 12-23 所示。

图 12-22

图 12-23

STEP 6 将小狗图像移动到房子文件中，如图 12-24 所示。

STEP 7 按 Ctrl+T 组合键启用自由变换，将其等比例缩小，并移动至合适位置，如图 12-25 所示。

图 12-24

图 12-25

STEP 8 按 Ctrl+Shift+Alt+E 组合键盖印图层，如图 12-26 所示。

STEP 9 选择"椭圆选框工具" ⬭ 创建选区，按 Shift+ Ctrl+I 组合键反选选区，设置选区的羽化半径为"300"像素，如图 12-27 所示。

图 12-26

图 12-27

STEP 10 执行"滤镜>模糊>动感模糊"命令，在弹出的对话框中进行设置，如图 12-28 所示。

STEP 11 按 Ctrl+D 组合键取消选择选区，如图 12-29 所示。

图 12-28

图 12-29

STEP 12 在"图层"面板的"图层 4"图层上单击鼠标右键，在弹出的菜单中执行相应命令，将该图层转换为智能对象图层，如图 12-30 所示。

STEP 13 执行"滤镜>滤镜库"命令，在弹出的对话框中选择"照亮边缘"滤镜并进行设置，如图 12-31 所示。

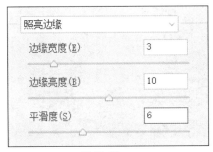

图 12-30　　　　　　　　　　　　　　　图 12-31

STEP 14　在"图层"面板中单击鼠标右键，在弹出的菜单中执行"编辑智能滤镜混合选项"命令，在弹出的对话框中进行设置，如图 12-32、图 12-33 所示。

图 12-32　　　　　　　　　　　　　　　图 12-33

STEP 15　单击"图层"面板底部的"添加图层蒙版"按钮 ▣，为图层添加蒙版，如图 12-34 所示。

STEP 16　在"图层"面板中创建"渐变填充"调整图层，如图 12-35 所示。

图 12-34　　　　　　　　　　　　　　　图 12-35

STEP 17　添加渐变填充后的效果如图 12-36 所示。

STEP 18　设置前景色为黑色，选择"画笔工具" ✑ 涂抹中间区域（可根据需要调整其不透明度），如图 12-37 所示。

图 12-36

图 12-37

STEP 19 在"属性"面板中创建"色彩平衡"调整图层，如图 12-38、图 12-39 所示。

图 12-38

图 12-39

STEP 20 在"属性"面板中创建"曲线"调整图层，如图 12-40、图 12-41 所示。

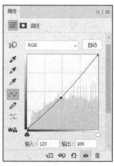

图 12-40

图 12-41

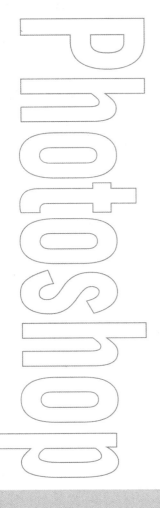

Chapter

13

第 13 章
产品包装设计

包装是品牌理念、产品特性、消费心理的综合反映，直接影响着消费者的购买欲。设计人员在对产品进行包装设计时，应先了解适合该产品的包装材料、符合产品传达的理念与适合消费群体的设计。好的包装设计可以让产品在众多同类产品中脱颖而出，吸引顾客购买。本章主要介绍包装设计的构图要素、包装元素选择、包装材料选择、包装印后工艺等，并讲解如何制作一个茶叶包装盒。

课堂学习目标

- 了解包装设计的构图要素

- 了解包装元素的选择

- 熟悉包装的选材

- 熟悉包装的印后工艺

13.1 行业知识

包装设计是一个多元化的艺术处理过程，包括选材、造型、印刷、视觉设计等环节。

13.1.1 包装设计的构图要素

构图设计是包装设计的重点，主要包括图形设计、色彩设计及文字设计。

1. 图形设计

图形在表现形式上可分为商标、实物图形及装饰图形。

- 商标：产品的标志，品牌的象征，具有较强的识别性。
- 实物图形：采用绘画或摄影等方式表现，可突出产品的真实形象，给消费者以直观的感受。
- 装饰图形：分为具体和抽象两种表现方式，具体的人、物或风景纹样常用来表现包装的内容物及属性，抽象的点、线、面、色块或肌理可以使包装更醒目、更具形式感。

2. 色彩设计

色彩的选择是包装设计中至关重要的环节，起着美化产品和突出产品的作用。在包装应用时，需根据产品的特点和消费群体的喜好进行选择。

- 食品的包装应以鲜明的暖色系为主。
- 化妆品的包装应以柔和色系为主。
- 儿童产品的包装应以鲜艳的纯色为主。
- 科技产品的包装应以蓝色、黑色等冷色为主。

3. 文字设计

文字是包装设计中必不可少的部分。一般情况下，品牌文字可以进行设计装饰，说明文字需使用可视性较强的文字。

13.1.2 包装设计的元素选择

好的包装设计可以刺激消费者的购买欲。在包装设计中，图像元素的提取选择很重要，其直接影响着最终效果的呈现。

1. 产品成分

在食品、日化用品的包装设计中，以产品的主成分作为设计元素，就可以让消费者直观地从包装上了解产品的原材料构成。

2. 产品本身

在常见的水果、饼干、薯片等食品包装设计中，可以以产品本身作为设计元素。此类元素呈现要求较高。

3. 产品原产地

在以产品具有原产地优势作为卖点时，可用此作为设计元素。

4. 产品生产过程

这种设计在茶叶包装上比较常见，给人以产品具有深厚文化底蕴的感觉，主要采用手绘或线描的形式。

5. 产品属性

有时也可以以产品属性作为首要元素，如使用蝴蝶结、丝带作为礼品盒包装元素，使用具有简洁科技感的色块、光带类的元素作为电子产品的包装元素等。

6. 产品或品牌故事

每种产品或品牌都有属于自己的品牌故事，如月饼包装常用嫦娥、玉兔作为设计元素。

7. 产品标志或辅助图形

在设计具有较高知名度，或 Logo 与辅助图形具有辨识度的品牌时，可使用其作为设计元素，以加深品牌印象。

8. 产品相关设计元素

当产品不适合直接表现出来时，可使用与其相关的内容作为设计元素，如茶叶包装上的茶具、牛奶包装上的奶牛等。

9. 产品主要消费者对象

为了贴合产品属性，吸引目标消费群体，可以将消费对象相关的元素作为设计元素。例如使用女性、花、蝴蝶作为女性产品包装的设计元素，使用动物、小孩、卡通形象作为儿童产品包装的设计元素。

10. 产品功效

以产品的功效作为卖点，可以制作出比较有趣的设计，同时也可以让消费者直观地了解产品的作用。

11. 产品吉祥物

吉祥物形象鲜明，受大众喜爱的品牌，可以以产品的吉祥物作为设计元素，尤其是儿童产品。

12. 品牌调性

文艺、清新、复古、有趣等都属于品牌调性，是品牌给消费者的第一感觉。

13.1.3　包装的选材

材料是包装的载体，合理选择材料至关重要。选材时，需以科学性、经济性、实用性为基本准则。下面对一些常见的包装材料进行介绍。

- 纸张类：纸张是在包装中运用较多的包装材料，常见的包装纸有牛皮纸、玻璃纸、蜡纸、铜版纸、瓦楞纸、白纸板等。
- 金属类：金属类包装的主要形式有罐装、软管装等，主要应用于生活用品、饮料、罐头包装中，常见的金属包装材料有马口铁、铝箔等。
- 塑料类：塑料类的包装具有强度高、防潮性、保护性、防腐性等特点，常见的塑料包装材料有封口膜、收缩膜、塑料膜、缠绕膜、热收缩膜、中空板等。
- 玻璃类：玻璃类的包装具有耐酸、稳定、透明等特点，主要应用于饮料、酒类、化妆品、食品包装中，使用玻璃作为包装时，常附加纸包装。
- 木制类：木制类的包装主要有木桶、木盒、木箱等，主要用于特色包装或个性包装，适用于土特产、高档礼品或具有传统风格的商品，常见的包装木材有软木、胶合板、纤维板等。

13.1.4　包装的印后工艺

为了提升包装的美感和品质，可进行印后加工处理。

- 覆膜：又称过塑、裱胶、贴膜等，是指将透明塑料薄膜通过热压覆贴到印刷品表面，起保护及增加光泽的作用。
- 烫印：又称热压印刷，是指将需要烫印的图案或文字制成凸型版，借助压力和温度，将各种铝箔片印制到承印物上，呈现出强烈的金属光泽，使产品具有高档的质感。

- 上光：上光是指在印刷品表面喷涂一层无色透明材料，对包装的表面能起到防水、防油污的作用，还能起到很好的阻隔作用。

- 压印：使用凹凸模具，在一定的压力作用下，使印刷品基材发生塑性变形，压印的各种凸状图文和花纹会显示出深浅不同的纹样，具有明显的浮雕感，可增加印刷品的立体感和艺术感染力。

- 模切压痕：又称压切成型、扣刀等，当包装印刷纸盒需要切制成一定形状时，可通过模切压痕工艺来完成。

- 烫金：将金属印版加热、施箔，在印刷品上压印出金色文字或图案。

- UV：在图案上面裹一层光油，提升印品的炫彩效果，并保护产品表面。

- 冰点雪花：在金卡纸、银卡纸、激光卡纸、PVC 等承印物上经紫外线照射起皱及 UV 光固化后，在印品表面形成的一种具有细密砂感、手感细腻的效果。

- 逆向磨砂：通过若干次特殊的底油或光油处理才能完成，最终印品表面会形成局部高光泽和局部磨砂低光泽区域。

- 浮雕烫金：通过烫金版的变化，表现出一种金属感和立体感更强的烫金方式，使烫金图文"跳出"平面，带来更强的视觉冲击力。

- 激光转移：具有绚丽夺目的视觉效果，能够非常有效地提高包装的档次。

- 光刻纸：融合了诸多先进技术，具有独特的防伪功能，不但无法复制抄袭，也便于消费者直观识别防伪。

13.1.5　产品包装设计赏析

以下是不同材料与工艺的产品包装实物，如图 13-1～图 13-4 所示。

图 13-1

图 13-2

图 13-3

图 13-4

13.2　实战演练——制作茶叶包装盒

本实战演练将使用形状工具、图层样式、文字工具制作茶叶包装盒，读者应综合运用本章所学知识点，熟练掌握并巩固包装设计的方法。

13.2.1　制作主视觉部分

主视觉部分的元素主要为西湖周边建筑，画面右下区域分别为"西""湖""龙""井"，4 个字拼为一套，增加创意，提高趣味性。

13-1　制作茶叶包装盒-制作主视觉部分

STEP 1 新建 21 厘米×8 厘米的文件，按 Ctrl+'组合键显示网格，如图 13-5 所示。

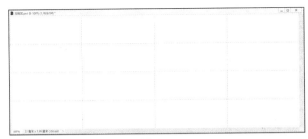

图 13-5

STEP 2 置入素材文件，设置不透明度为"70%"，如图 13-6 所示。

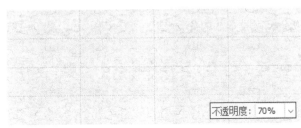

图 13-6

STEP 3 置入素材文件，双击该图层，在弹出的"图层样式"对话框中进行设置，如图 13-7、图 13-8 所示。

STEP 4 添加图层样式后的效果如图 13-9 所示。

图 13-7

图 13-8

图 13-9

STEP 5 选择"横排文字工具" **T** 创建文本，在"字符"面板中进行设置，如图 13-10、图 13-11 所示。

图 13-10　　　　　　　　　　　　　　　　　　图 13-11

STEP 6 选择"矩形工具" ▢ 绘制矩形，按住 Shift+Alt 组合键水平复制绘制的矩形，如图 13-12 所示。

STEP 7 框选文字和矩形，在属性栏中单击"水平居中分布"按钮 ╫，如图 13-13 所示。

图 13-12　　　　　　　　　　　　　　　　　　图 13-13

STEP 8 选择"横排文字工具" **T** 输入文字，在"字符"面板中进行设置，将文字放置在图像的右下角，如图 13-14 所示。

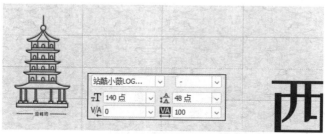

图 13-14

STEP 9 选择"横排文字工具" **T** 绘制文本框并输入文字，在"字符"面板中进行设置，如图 13-15、图 13-16 所示。

图 13-15　　　　　　　　　　　　　　　　　　图 13-16

STEP 10 置入素材文件，调整其大小并将其放置在图像右上角，如图 13-17 所示。

图 13-17

STEP 11 选择"背景"和"纹理"图层，单击"创建新组"按钮 □ 新建图层组，并将其重命名为"西"，如图 13-18 所示。

STEP 12 按 Ctrl+Shift+Alt+E 组合键盖印图层，如图 13-19 所示。

STEP 13 按 Ctrl+J 组合键复制"西"图层组，将其重命名为"湖"，隐藏盖印图层和"西"图层组，如图 13-20 所示。

图 13-18

图 13-19

图 13-20

STEP 14 置入素材文件，调整其大小，如图 13-21 所示。

STEP 15 在"图层"面板中，拖曳"斜面和浮雕"图层至"湖心亭"图层，删除"雷峰塔"图层，如图 13-22、图 13-23 所示。

图 13-21

图 13-22

图 13-23

STEP 16 更改文字，如图 13-24 所示。

STEP 17 使用相同的方法盖印图层，复制图层组并更改文字，如图 13-25 所示。

STEP 18 使用相同的方法盖印图层，复制图层组并更改文字，如图 13-26 所示。

图 13-24

图 13-25

图 13-26

13.2.2 制作背面部分

背面部分主要是产品的配料表、冲泡方法、条形码及二维码等。

STEP 1 框选全部图层，单击"创建新组"按钮 新建图层组，并将其重命名为"正面"，如图 13-27 所示。

STEP 2 选择"直排文字工具" 输入文字，在"字符"面板中进行设置，如图 13-28 所示。

13-2 制作茶叶包装盒-制作背面部分

STEP 3 调整文字图层的不透明度为"40%"，效果如图 13-29 所示。

图 13-27

图 13-28

图 13-29

STEP 4 打开素材文件并复制文字，选择"横排文字工具"T 绘制文本框并粘贴文字，在"字符"面板中进行设置，如图 13-30、图 13-31 所示。

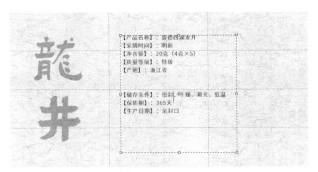 

图 13-30　　　　　　　　　　　　　　　　　　图 13-31

STEP 5 继续输入文字，如图 13-32 所示。

图 13-32

STEP 6 选择"横排文字工具"T 输入文字"茶叶追溯二维码"，调整文字属性，如图 13-33 所示。

图 13-33

STEP 7 置入素材文件，调整其大小，如图 13-34 所示。

图 13-34

STEP 8 新建图层组并将其重命名为"背面"，按 Ctrl+Shift+Alt+E 组合键盖印图层，如图 13-35 所示。

图 13-35

13.2.3 制作刀版效果图

使用"矩形工具" □ 绘制刀版部分，效果图可通过为主视觉部分添加投影样式来制作。

STEP 1 新建 30 厘米×30 厘米的文件，如图 13-36 所示。

STEP 2 选择"矩形工具" □ 创建 21 厘米×21 厘米的矩形，如图 13-37 所示。

图 13-36

图 13-37

13-3 制作茶叶包
装盒-制作刀版
效果图

STEP 3 创建 21 厘米×2.5 厘米的矩形，设置其顶对齐，如图 13-38 所示。

STEP 4 按住 Alt 键移动复制上一步绘制的矩形，将其移动至 15 厘米处，如图 13-39 所示。

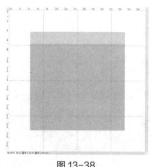

图 13-38

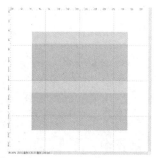

图 13-39

STEP 5 将"主视觉.psd"文件中的"图层 5"图层移动至包装盒文件中，如图 13-40 所示。

STEP 6 在"主视觉.psd"文件中，单击按钮隐藏"图层 5"图层。解锁纹理图层，按 Ctrl+Shift+Alt+E 组合键盖印图层，生成"图层 6"图层，如图 13-41 所示。

STEP 7 将"主视觉.psd"文件中的"图层 6"图层移动至包装盒文件中，按住 Alt 键复制该图层，按 Ctrl+Alt+G 组合键创建剪贴蒙版，如图 13-42、图 13-43 所示。

STEP 8 将"主视觉.psd"文件中的"图层 1"图层移动至包装盒文件中，如图 13-44 所示。

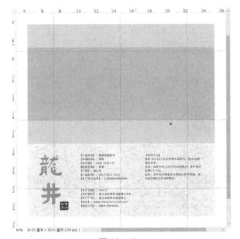

图 13-40

图 13-41

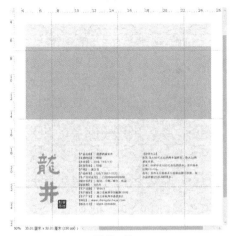

图 13-42

图 13-43

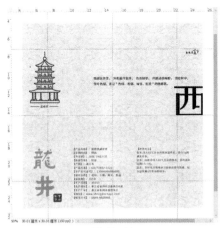

图 13-44

STEP 9 新建 24 厘米×35 厘米的文件，如图 13-45 所示。

STEP 10 在"主视觉.psd"文件中，按住 Shift 键加选盖印图层，并将其移动至新建文件中，如图 13-46 所示。

STEP 11 单击 👁 按钮显示图层，如图 13-47 所示。

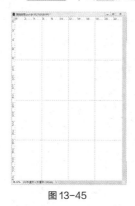

图 13-45   图 13-46   图 13-47

STEP 12 双击"图层 1"图层，在弹出的"图层样式"对话框中添加"投影"样式，如图 13-48、图 13-49 所示。

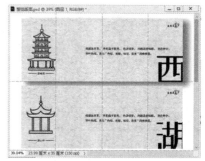

图 13-48   图 13-49

STEP 13 在"图层"面板中单击鼠标右键，在弹出的菜单中执行"复制图层样式"命令，如图 13-50 所示。

STEP 14 按住 Shift 键，加选"图层 2""图层 3""图层 4"图层，单击鼠标右键，在弹出的菜单中执行"粘贴图层样式"命令，按 Shift+'组合键隐藏网格，如图 13-51 所示。

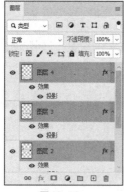

图 13-50   图 13-51

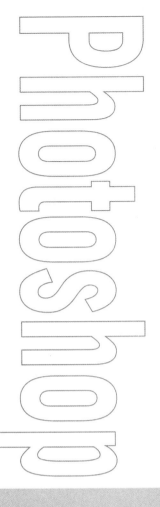

Chapter

14

第 14 章
网站页面设计

　　随着网络的日益发展，无论是学习网站、资讯网站，还是休闲娱乐的视频网站、游戏网站、购物网站，都和人们的日常生活息息相关。因此，网站页面的设计显得尤为重要。创意新颖、设计独特、美观大方的网站页面，会带给人们美的视觉享受。本章主要介绍网站页面设计规范、常用网页类型等，并讲解如何制作网站登录页。

课堂学习目标

- 了解网站页面的设计规范

- 熟悉网站页面类型

- 掌握形状、滤镜、文字等工具的
  应用方法

14.1 行业知识

网页设计是指根据企业希望向浏览者传递的信息进行网站功能策划，通过合理的颜色、字体、图片、样式进行页面美化的工作。精美的网页设计，对于提升企业的互联网品牌形象至关重要。

14.1.1 网站页面设计规范

网站页面主要由页头、内容主体、页脚组成，如图 14-1 所示。其中页头包括网站标志、导航栏等元素；内容主体包括横幅（banner）和内容等元素；页脚包括版权信息等元素。

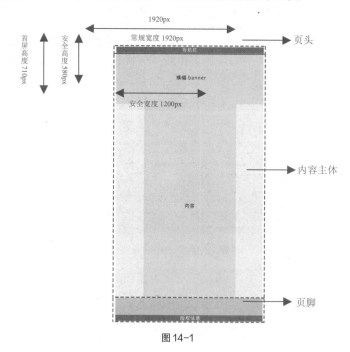

图 14-1

应用秘技

目前网页常用的尺寸宽度为 1920px，高度不限。安全宽度又称安全区域，其作用为确保网页在不同计算机的分辨率下都能正常显示像素。

若以 1920px×1080px 为基准，该网页尺寸中安全区域的宽度为 1200px。首屏高度为打开网页第一眼看到的页面区域，去掉任务栏、浏览器菜单栏及状态栏后，网页首屏高度建议为 710px，安全高度为 580px。

14.1.2 常用网页类型

在网页设计中，常用网页类型可分为首页、列表页、详情页、专题页、控制台页及表单页。

- 首页：进入网站第一眼看到的页面，是了解网站的第一步，通常包括产品展示图、产品介绍信息、用户登录注册入口等。
- 列表页：对信息进行归类管理，提高关键信息的可阅读性及可操作性，如图 14-2 所示。
- 详情页：产品信息页面，清晰的布局可以快速定位关键信息，提高效率。
- 专题页：针对特定主题制作的页面。该页面信息丰富，设计感十足，如图 14-3 所示。

- 控制台页：集合了数字、图形及文案等大量多样化的信息，需一目了然地将关键信息展示给用户。该页面精简、清晰、可视性强，如图 14-4 所示。
- 表单页：此页常用于登录、注册、下单、评论等，可引导用户高效完成表单的工作流程。

图 14-2　　　　　　　　图 14-3　　　　　　　　　　图 14-4

14.1.3　网站页面设计赏析

以下是一些不同类型的网页设计，如图 14-5 ~ 图 14-8 所示。

图 14-5　　　　　　图 14-6　　　　　　图 14-7　　　　　　　图 14-8

14.2　实战演练——制作网站登录页

　　本实战演练将使用多种形状工具、图层样式、文字工具制作网站登录页，读者应综合运用本章所学知识点，熟练掌握并巩固网站页面设计的方法。

14.2.1　制作网页背景

背景部分的制作主要是对图像进行径向模糊、高斯模糊处理。

STEP 1 启动 Photoshop，单击"新建"按钮，在弹出的"新建文档"对话框

14-1　制作网站
登录页-制作
网页背景

中单击"Web"选项卡，单击"网页-大尺寸"空白文档预设，在对话框右侧输入文件名称"登录页"，如图 14-9 所示。

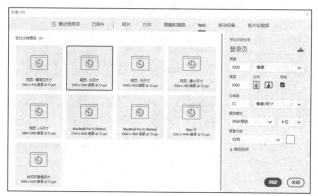

图 14-9

STEP 2 置入素材图像，调整其大小，如图 14-10 所示。

STEP 3 按 Ctrl+J 组合键复制图层，如图 14-11 所示。

图 14-10

图 14-11

STEP 4 按 Enter 键完成调整，执行"滤镜>模糊>径向模糊"命令，在弹出的"径向模糊"对话框中进行设置，如图 14-12 所示。

STEP 5 调整素材图像位置，如图 14-13 所示。

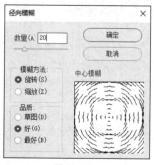

图 14-12

图 14-13

STEP 6 按 Enter 键完成调整，执行"滤镜>模糊>高斯模糊"命令，在弹出的"高斯模糊"对话框中进行设置，如图 14-14、图 14-15 所示。

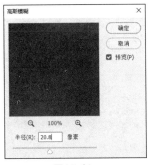

图 14-14

图 14-15

14.2.2　制作账号登录区域

账号登录区域的制作主要通过绘制圆角矩形来绘制卡片状态，左边为原背景图层，右边为登录与注册信息填写部分。

14-2　制作网站
登录页-制作账号
登录区域

STEP 1 按 Ctrl+'组合键显示网格，选择"圆角矩形工具" ☐，设置填充为"白色"，半径为"50 像素"，绘制圆角矩形，如图 14-16 所示。

STEP 2 按 Ctrl+J 组合键复制图层，按 Ctrl+T 组合键启用自由变换，按住 Shift 键调整圆角矩形的宽度，如图 14-17 所示。

图 14-16

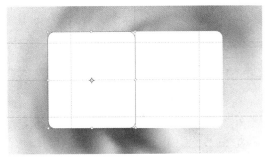

图 14-17

STEP 3 在"属性"对话框中调整圆角半径，如图 14-18 所示。将"背景"图层移动至最顶层，按 Ctrl+Alt+G 组合键创建剪贴蒙版，按 Ctrl+T 组合键启用自由变换，调整蒙版大小，如图 14-19 所示。

图 14-18

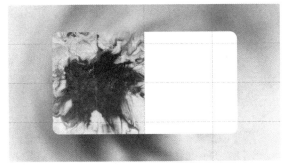

图 14-19

STEP 4 选择"横排文字工具" **T** 输入文字，在"字符"面板中进行设置，如图 14-20、图 14-21 所示。

图 14-20

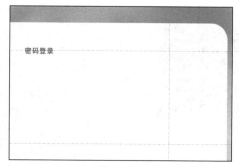

图 14-21

STEP 5 选择"圆角矩形工具" ▢ ，设置半径为"1 像素"，颜色为字体颜色，绘制圆角矩形，并使其与文字居中对齐，如图 14-22 所示。

STEP 6 按住 Alt 键复制文字，更改文字与字体颜色，如图 14-23 所示。

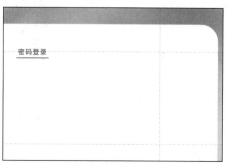

图 14-22

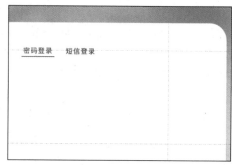

图 14-23

STEP 7 选择"圆角矩形工具" ▢ ，设置填充为"无"，描边为"2 像素"，颜色为"30%灰色"，半径为"10 像素"，绘制圆角矩形，并使其与文字左对齐，如图 14-24 所示。

STEP 8 选择"横排文字工具" T 输入文字，设置字体颜色为（R：132、G：132、B：132），如图 14-25 所示。

图 14-24

图 14-25

STEP 9 框选圆角矩形和文字，按住 Alt 键移动复制，然后更改文字，如图 14-26 所示。

STEP 10 按住 Alt 键移动复制圆角矩形，设置填充为"10%灰色"，如图 14-27 所示。

STEP 11 按 Ctrl+J 组合键复制图层，按 Ctrl+T 组合键启用自由变换，按住 Shift 键调整圆角矩形的宽度，如图 14-28 所示。

STEP 12 设置填充为"白色"，描边为"浅青蓝"，如图 14-29 所示。

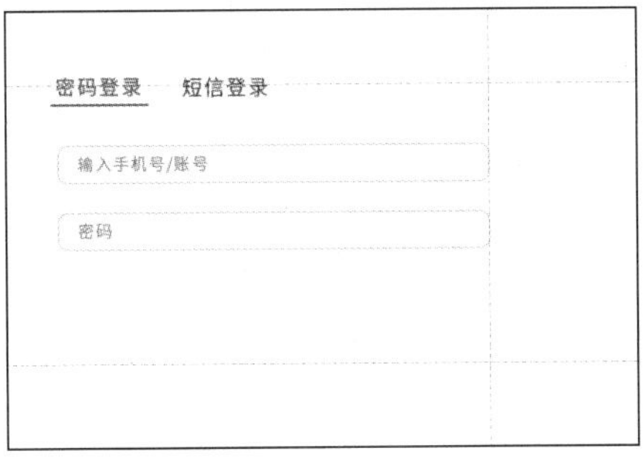

图 14-26

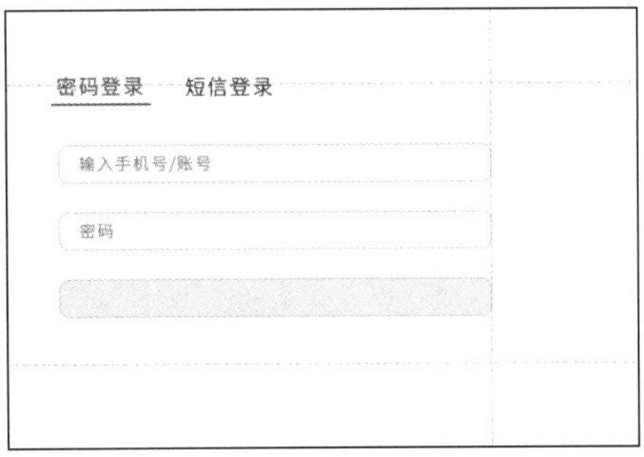

图 14-27

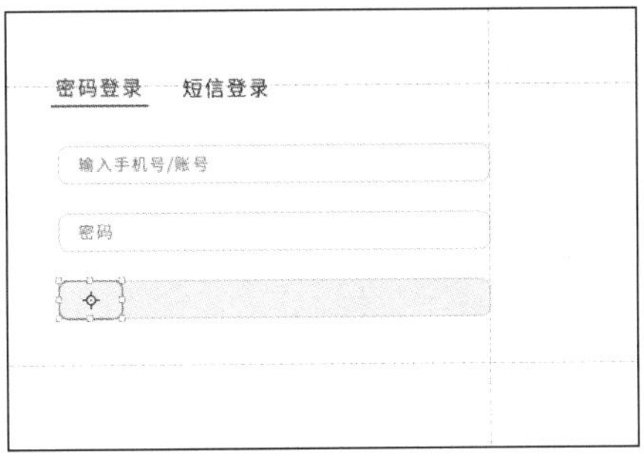

图 14-28

图 14-29

STEP 13 选择"横排文字工具"**T** 输入文字，设置字体颜色为"黑色"，如图 14-30 所示。

STEP 14 选择"椭圆工具" ◯，按住 Shift 键绘制圆形，设置填充为"纯青蓝"，按住 Alt 键移动复制圆形，如图 14-31 所示。

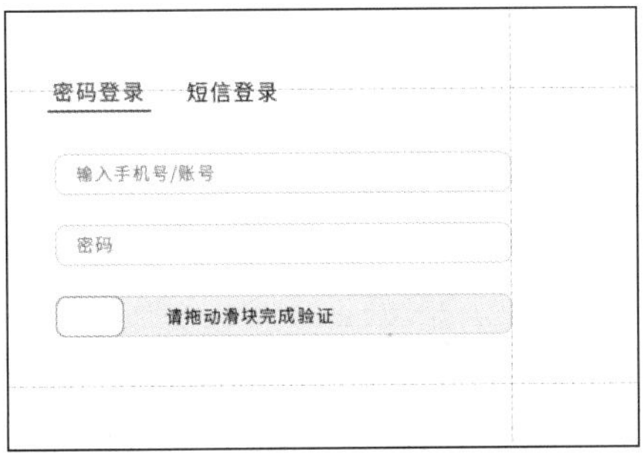

图 14-30

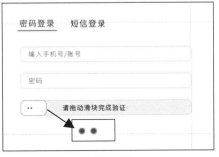

图 14-31

STEP 15 选择"自定形状工具" ✄，在属性栏中选择形状"箭头 6"，按住 Shift 键绘制箭头，设置填充为"纯青蓝"，使其与两个圆形居中对齐，如图 14-32 所示。

STEP 16 选择"自定形状工具" ✄，在属性栏中选择形状"箭头 2"，按住 Shift 键绘制箭头，设置填充为"45%灰色"，按住 Alt 键移动复制该箭头，如图 14-33 所示。

STEP 17 选择"矩形工具"□绘制矩形，设置填充为"浅青蓝"，如图 14-34 所示。

STEP 18 选择"自定形状工具" ✄，在属性栏中选择形状"复选标记"，按住 Shift 键绘制复选标记，设置填充为"白色"，使其与矩形垂直水平居中对齐，如图 14-35 所示。

STEP 19 按住 Alt 键移动复制"密码"文字，更改文字内容并将字号更改为"14 号"，如图 14-36 所示。

STEP 20 按住 Alt 键移动复制文字，更改文字内容并更改字体颜色为"纯青蓝"，如图 14-37 所示。

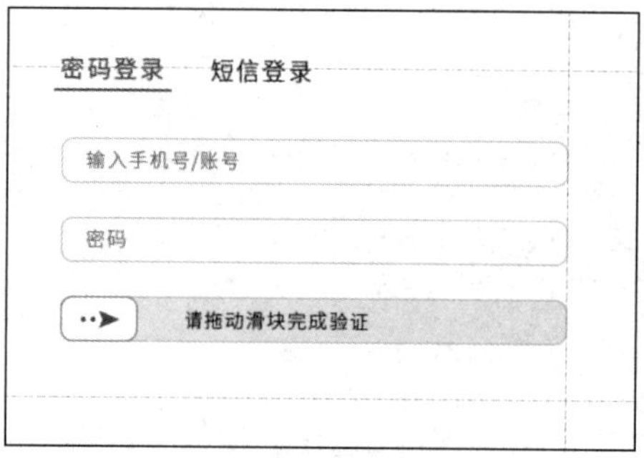

图 14-32

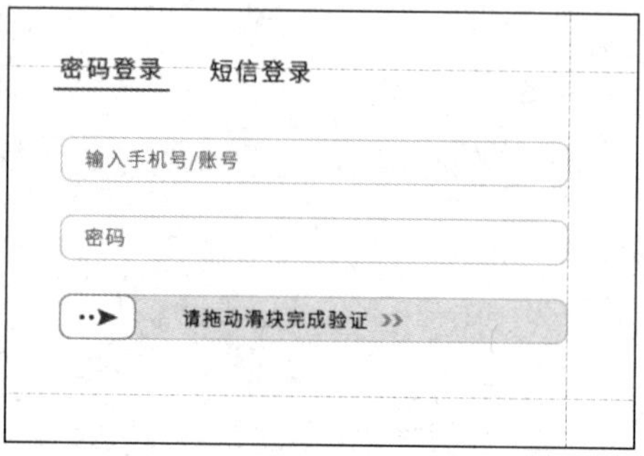

图 14-33

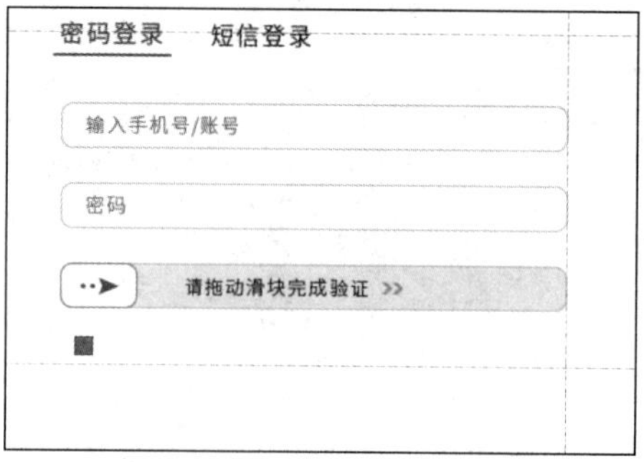

图 14-34

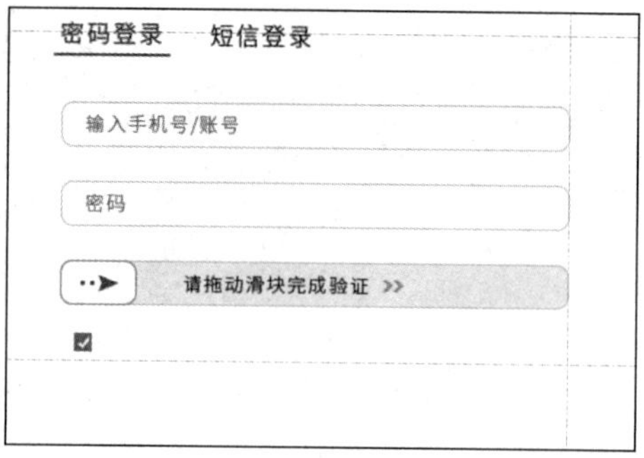

图 14-35

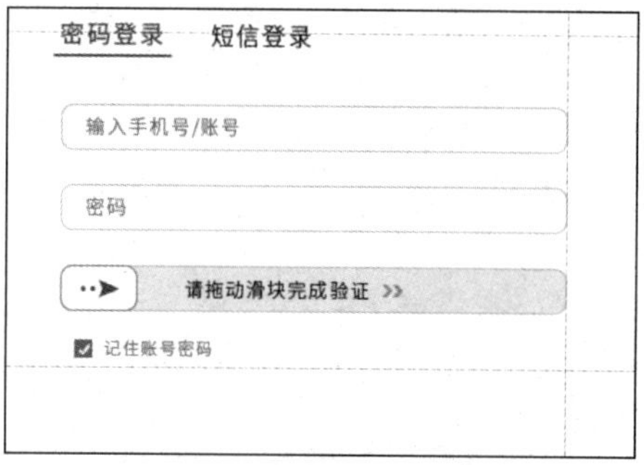

图 14-36

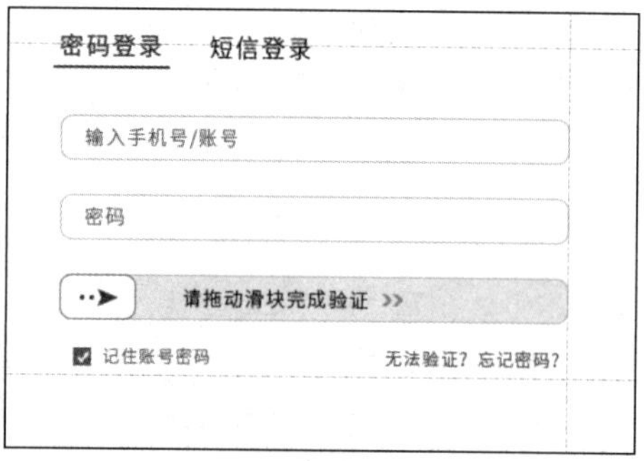

图 14-37

STEP 21 按住 Alt 键移动复制圆角矩形，在属性栏中设置填充颜色，设置描边为"无"，如图 14-38、图 14-39 所示。

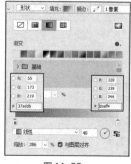

图 14-38

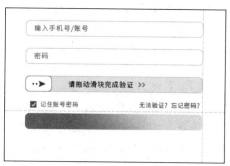

图 14-39

STEP 22 选择"横排文字工具" **T** 输入文字，在"字符"面板中进行设置，如图 14-40、图 14-41 所示。

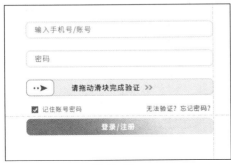

图 14-40　　　　　　　　　　　　　　　　　　图 14-41

14.2.3　完善账号登录区域

本小节主要制作账号登录区域右上角的登录二维码及第三方登录区域的效果，最后为登录区域添加投影效果。

14-3　制作网站登录页-完善账号登录区域

STEP 1 选择"矩形工具" □，按住 Shift 键绘制正方形，在"图层"面板中栅格化该图层，如图 14-42、图 14-43 所示。

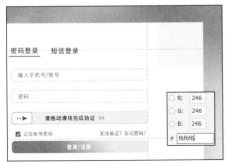

图 14-42　　　　　　　　　　　　　　　　　　图 14-43

STEP 2 选择"多边形套索工具" ⋎ 沿对角线绘制选区，按 Delete 键删除选区，按 Ctrl+D 组合键取消选择选区，如图 14-44 所示。

STEP 3 置入二维码，按 Ctrl+Alt 组合键创建剪贴蒙版，如图 14-45 所示。

图 14-44　　　　　　　　　　　　　　　　　　图 14-45

STEP 4 按住 Alt 键移动复制"记住账号密码"文字，更改文字内容并使其居中对齐，如图 14-46 所示。

STEP 5 选择"矩形工具" ▫ 绘制矩形，填充文字颜色，按住 Alt 键水平移动复制，如图 14-47 所示。

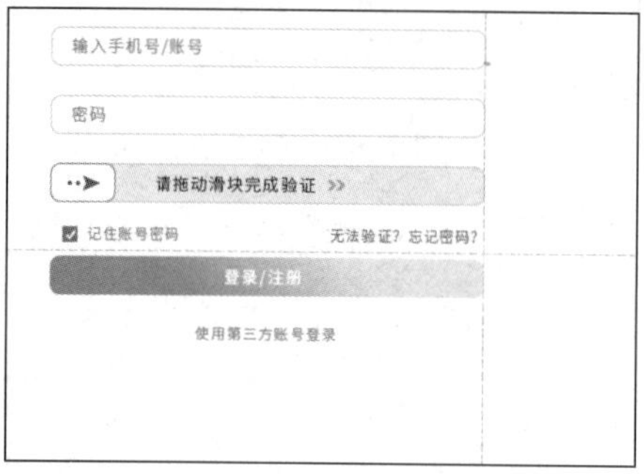

图 14-46

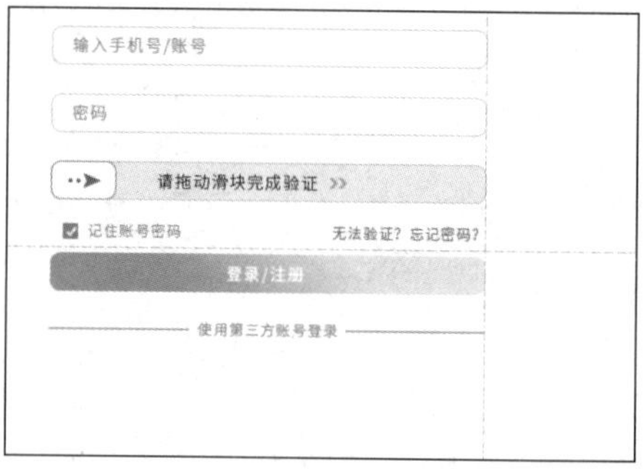

图 14-47

STEP 6 置入素材图像，调整其大小与位置，如图 14-48 所示。

STEP 7 调整图像整体位置，如图 14-49 所示。

图 14-48

图 14-49

STEP 8 按 Ctrl+'组合键隐藏网格，在"图层"面板中双击"圆角矩形 1"图层，在弹出的"图层样式"对话框中添加"投影"图层样式，如图 14-50、图 14-51 所示。

图 14-50

图 14-51

附录 Photoshop CC 常用快捷键汇总

常用工具快捷键

工具按钮	工具名称	默认快捷键
	移动工具	V
	矩形选框工具	M
	套索工具	L
	多边形套索工具	L
	快速选择工具	W
	魔棒工具	W
	裁剪工具	C
	吸管工具	I
	污点修复画笔工具	J
	修补工具	J
	画笔工具	B
	仿制图章工具	S
	历史记录画笔工具	Y
	橡皮擦工具	E
	渐变工具	G
	油漆桶工具	G
	钢笔工具	P
	横排文字工具	T
	直排文字工具	T
	路径选择工具	A
	直接选择工具	A
	矩形工具	U
	椭圆工具	U
	抓手工具	H
	缩放工具	Z

⊞ 常用命令快捷键

命令	快捷键
文件 >	
新建	Ctrl+N
打开	Ctrl+O
关闭	Ctrl+W
存储	Ctrl+S
存储为	Shift+Ctrl+S
置入	Shift+Ctrl+P
导出 >	
导出为多种屏幕所用格式	Alt+Ctrl+E
存储为 Web 所用格式（旧版）	Alt+Shift+Ctrl+S
退出	Ctrl+Q
编辑 >	
还原	Ctrl+Z
重做	Shift+Ctrl+Z
剪切	Ctrl+X
复制	Ctrl+C
粘贴	Ctrl+V
填充	Shift+F5
图像 >	
调整 >	
色阶	Ctrl+L
曲线	Ctrl+M
色相/饱和度	Ctrl+U
色彩平衡	Ctrl+B
黑白	Alt+Shift+Ctrl+B
反相	Ctrl+I
去色	Shift+Ctrl+U
图像大小	Alt+Ctrl+I
画布大小	Alt+Ctrl+C

续表

命令	快捷键
图层 >	
创建/释放剪贴蒙版	Alt+Ctrl+G
图层编组	Ctrl+G
取消图层编组	Shift+Ctrl+G
隐藏/显示图层	Ctrl+,
排列>	
置为顶层	Shift+Ctrl+]
前移一层	Ctrl+]
后移一层	Ctrl+[
置为底层	Shift+Ctrl+[
锁定图层	Ctrl+/
合并图层	Ctrl+E
合并可见图层	Shift+Ctrl+E
选择 >	
全部	Ctrl+A
取消选择	Ctrl+D
重新选择	Shift+Ctrl+D
反选	Shift+Ctrl+I
所有图层	Alt+Ctrl+A
选择并遮住	Alt+Ctrl+R
滤镜 >	
上次滤镜操作	Alt+Ctrl+F
自适应广角	Alt+Shift+Ctrl+A
Camera Raw 滤镜	Shift+Ctrl+A
镜头校正	Shift+Ctrl+R
液化	Shift+Ctrl+X
消失点	Alt+Ctrl+V
视图 >	
放大	Ctrl++
缩小	Ctrl+ −

续表

命令	快捷键
按屏幕大小缩放	Ctrl+0
100%	Ctrl+1
网格	Ctrl+'
参考线	Ctrl+;
标尺	Ctrl+R
锁定参考线	Alt+Ctrl+;
窗口 >	
动作	Alt+F9
图层	F7